LOCUS

LOCUS

LOCUS

LOCUS

touch

對於變化，我們需要的不是觀察。而是接觸。

touch 64

跟華爾街之狼學銷售

一門價值 30 萬元的紙上大課；4 秒鐘，打下成交大訂單基礎！

Way of the Wolf: Straight Line Selling:

Master the Art of Persuasion, Influence, and Success

作者：喬登・貝爾福 Jordan Belfort
譯者：劉道捷
責任編輯：吳瑞淑
二版編輯協力：張晁銘
封面設計：簡廷昇
校對：呂佳真

出版者：大塊文化出版股份有限公司
台北市105022南京東路四段25號11樓
www.locuspublishing.com
讀者服務專線：0800-006689
TEL：(02)87123898 FAX：(02)87123897
郵撥帳號：18955675
戶名：大塊文化出版股份有限公司
法律顧問：董安丹律師、顧慕堯律師

總經銷：大和書報圖書股份有限公司
新北市新莊區五工五路2號
TEL：(02) 89902588 FAX：(02) 22901658
初版一刷：2018年1月
二版一刷：2024年4月
定價：新台幣380元
ISBN：978-626-7388-76-1
Printed in Taiwan

跟
華爾街之狼
學銷售

WAY OF THE WOLF

STRAIGHT LINE SELLING：MASTER THE ART OF PERSUASION, INFLUENCE, AND SUCCESS

JORDAN BELFORT　喬登·貝爾福　譯
劉道捷　譯

目錄

為什麼我要寫這本書獻給你？

我很想把本書獻給始終相信我、勸我改過向善的愛侶安妮。但是，她要求我把這本書，獻給世界各地來參加我的研討會、觀看我的錄影、研究直線銷售說服系統、寫信要我提供建議，尤其是寫信或特地來說「謝謝」的人。

我得承認，我生命中最出名的事跡是過去的瘋狂歲月，但那段日子只是我生命中的一小段，卻不是我引以為榮或希望記住的歲月。寫信來說我帶給他們捲土重來的希望、說我從重大挫敗中回頭，使他們相信自己也可以東山再起，他們正是我要獻上這本書的對象。對無數來函告訴我，直線銷售說服系統以指數成長的速度，改變了他們的生活、成功水準和事業的人，這本書更要獻給你們。

直線銷售說服系統的創造永遠改變了我的一生，體現這種系統的技巧組合，讓我可以用過去設想不到的方式，重新創造人生。

希望本書會讓更多人獲得書中源源不絕的禮物，直線銷售說服系統確實人人適用。

到目前為止，我最得意的成就是找到我的真愛安妮，但願本書也能夠讓每位讀者美夢成真。

序言
超級銷售說服系統誕生

我的故事是貨真價實的。

我是天生的業務員，可以把冰賣給愛斯基摩人、把石油賣給阿拉伯人、把豬肉賣給猶太教士，什麼東西都賣得掉。

可是有誰關心這件事呢？

除非你想雇我替你賣東西，否則我的銷售能力跟你沒什麼大關係。

總之，很會大量賣東西是我的天分；這是神的恩賜還是天生，我可說不上來，不過有一點我可以絕對確定，我不是唯一天生的業務員。

有些人跟我有點像。

只是有點像而已，原因和我擁有的另一種寶貴天分有關，這種天分要稀罕、珍貴多了，會為包括你在內的每一個人，帶來極大的好處。

這種特異功能是什麼？

很簡單，就是善於引領大家幾乎在片刻之間，蛻變為世界級的業務高手，不論大家的年齡、種族、信念、膚色、社經背景、教育程度、天生銷售能力有什麼不同。

這樣說很大膽，我換個方式來說好了：如果我是超級英雄，那麼訓練業務員應該是我的超能力，世界上沒有一個人比我更厲害。

噢，這吹得太不像話了，對吧？

我可以想像得到你現在心裡怎麼想。

「這傢伙真是狂妄自大！這麼自負！這麼自以為是！把這個王八蛋丟去餵狼算了！」

「噢，等等！他就是狼嘛，對吧？」

其實我是過氣的老狼。但是反正我也應該正式介紹自己了。

我就是「華爾街之狼」，還記得我嗎？我就是李奧納多・狄卡皮歐在大銀幕上飾演的人，用看來神奇的直線銷售訓練系統，把幾千個幾乎還乳臭未乾的年輕小夥子，變成世界級業務高手。我就是在電影片尾那個看到有些紐西蘭人，不會用正確的方法把筆賣給我，因而把他們整得驚慌失措的人。

一九八七年十月十九日是黑色星期一，紐約股市大崩盤，不久之後，我接下一家無足輕重、名叫史崔頓歐克蒙（Stratton Oakmont）的小券商，再把公司搬出市區，移到長島去追求發展，我就是在一九八八年春天，在長島那裡破解了影響力密碼，發展出看來神奇的業務員訓練系統。

這種系統名叫「直線銷售說服系統」（Straight Line Sales and Persuasion System），簡稱直線系統（Straight Line System，或直線銷售說服法），事實證明這個系統極為有力，極為有效，學起來又極為容易，因此發明幾天後，就為我的學員帶來驚人的財富和成就。以至於成千上萬的男女青年湧進我公司的交易廳，希望跳上直線系統的發財列車，實現他們的美國夢。

他們確實大都是資質平凡的人——基本上，是美國工人階級家庭中被人遺忘、景況悲慘的後代。他們的父母從來沒有告訴他們，說他們可以創造重大成就，從他們出生那天起，上天賦予他們的偉大特質，全都遭到剝奪一空。他們走進我公司時，只是奮力求生存、根本不敢奢望功成名就的人。

但是受完直線系統訓練後，原來的一切會變得一點也不重要，教育、智力、天生銷售能力等因素只是小事，可以輕易克服，你只要入我門來，承諾拚命工作，我就會教你直線系統，讓你發財。

哎，但是所有光鮮成就後面，也有一些黑暗面。噢，這種系統幾乎是太有效了，可以用超快的速度，打造閃閃發亮的全新百萬富翁，以至於到最後，大部分年輕人跳過辛苦奮鬥、建立品格這樣的人生必經階段，創造出不知道尊重的成就、不知道克制的財富、不知道負責的權力，就這樣，情勢開始失去控制。

這種情況跟看來無害的熱帶風暴很像，風暴利用大西洋溫暖的海水成長、茁壯、增強、突變，最後壯大到臨界質量，摧毀沿路上的一切事物，直線系統走的路線和颶風極為近似，也摧毀沿路上的一切和我自己。

的確如此，一切結束時，我失去了一切，失去了我的財富、自重、尊嚴、自尊和子女，有一段時間，我還失去了自由。

但是，最糟糕的是：我知道只能怪自己，不能怪別人。我誤用了上帝賜給我的天分，我把一種神奇的發現據為己有。

直線系統可以劇烈改變人生——為無法有效溝通本身思想和理念，不能跟別人建立關係，敦促別人採取行動，因而受到限制，不能創造重大成就的人，打造了公平競爭的環境。

而我用這種系統做了什麼事？

噢，除了打破不少濫用危險禁藥的紀錄外，我用世界上最有力的這種銷售訓練系統，實現我青少年時的所有美夢，同時為成千上萬的人培力，讓他們得到同樣的成就。

不錯，我喪失一切確實是罪有應得。

但是，故事還沒結束；而且，怎麼可能這樣就結束？這種系統為所有學過的人創造這麼驚人的財富和成就，怎麼可能就這樣無聲無息的消失？

不可能這樣，當然也不會這樣。

事情從成千上萬的前史崔頓員工開始，他們離開我的公司後，開始到處傳播這個系統，把稀釋過的版本，帶到幾十種不同的產業中。但是不管他們跑到什麼地方，不管他們傳播的版本內容多貧乏，苦苦掙扎的業務人員即使只學會其中一小部分，都足以搖身一變，成為業務高手。

這時我出面了。

我在出版兩本暢銷的回憶錄，加上史柯西斯(Martin Scorsese)導演的《華爾街之狼》創造驚人票房後，把原汁原味的直線銷售說服法，推廣到全世界，推廣到幾乎所有行業和產業中，從銀行、證券、電信、汽車、不動產、保險、財務規畫等產業，到水電、醫師、律師、牙醫、線上和線下行銷人員，以及處在其間的所有行業中。過去這套系統成就斐然，今天的成績甚至更為驚人。

我開始重新教導這套系統前，整整花了兩年時間，逐行審閱系統中的每一行文字，把每一個精妙之處，提升到運作起來更順暢的水準，同時確保所有小節，都符合最高水準的道德和誠信基礎。

高壓銷售、可疑話術的時代早已遠去，連盡量不談成交，只想賺佣金的日子，也早已成為過去；我的系統排除這一切，改用比較優雅的策略。這種過程萬分辛苦，我卻不計成本、千方百計地努力完成任務。

我請世界級的專家——包括職業心理學家到內容創造、最佳成人學習法和神經語言程式專家，檢討這個系統的每一個層面。得到真正不可思議的結果，得到極為有力、極為有效、道德和誠信水準極高的系統，以至於我打從心底知道，這套直線銷售說服系統終於進化，蛻變成我一直心知肚明、可以變成的東西，也就是變成：

善心的賺錢力量。

我在書中要提供你一套立刻可以啟用、又適用所有行業的直線銷售說服系統解決方案。

如果你是業務員，或是你經營自己的事業，本書會徹底改變你的事業鴻圖，會告訴你如何縮短銷售循環、提高成交比率、開發源源不絕的客戶推薦、創造終生客戶。此外，還會提供你公式化的指引，幫助你建立和維持世界級的業務團隊。

如果你不做業務，本書還是一樣寶貴。一般人所犯的錯誤中，代價最高的錯誤是通常只從傳統的角度，看待業務員或銷售員的推銷和說服部分，因此會問自己，「我又不做業務，學銷售有什麼用？」

沒有什麼想法比這樣還偏離事實了。

即使你不做業務，你至少仍然需要相當精通銷售和遊說，否則的話，你會發現自己過著非常沒有自主性的日子。

銷售是生活中的一切。

事實上，你不是在銷售，就是在消亡。

你一直都在對別人推銷，說你的構想、觀念或產品很有道理，例如你可能以：

父母的身分，對子女推銷洗澡保持衛生和做功課的重要性；

老師的身分，對學生推廣教育的價值；

律師的身分，對法庭闡明你的當事人無辜；

牧師、神父或法師的身分，對信徒宣揚上帝、耶穌、穆罕默德或佛陀的存在；

政客的身分，遊說選民在公投時投贊成票的好處。

總而言之，銷售適用於所有人、適用於企業與個人生活中的所有層面。我們在一生中的某個時點，都必須對別人、對潛在的夥伴、未來的雇主、未來的員工、對未來的第一位約會對象等等，推銷自己。

何況你的日常業務狀況中，還有種種情形，沒有列在我們通常認為屬於銷售的範圍中，例如創業家試圖籌募創投基金，或爭取銀行的信用額度；或是對員工或你希望納為員工的人，鼓吹你未來崇高宏偉的願景；或是你要跟別人磋商辦公室的新租約、爭取比較高的營業帳戶利率，或是跟賣方商量比較好的付款條件。

不管我們從事哪一行，也不管我們做的事是否屬於企業或個人範圍，我們總是在努力傳達我們的思想、理念、希望和夢想，希望這樣不但可以說服別人採取行動，還可以幫助我們達成人生目標。

這就是道德說服的真義，少了這種關鍵技巧，要創造合理的成就、要過著自主的生活，就會變得很難。

其實本書的最後真義就是這樣，本書提供你簡單、有效的高明溝通藝術，讓你可以過著力量大多了、自主性又高多了的日子。

只是請你始終記得，蜘蛛人的叔叔在第一部《蜘蛛人》電影中說過：「力量愈大，責任愈重。」

本書會賜予你這種力量。

請你負起責任，好好地去運用。

1 拆解銷售和影響力密碼

「你們不懂嗎？每一件銷售案都一樣！」

我第一次對著滿屋子的業務員說這句話，是在一九八八年的某個星期二晚上，有些人聽了滿臉困惑，好像在說：「你說什麼鬼話，喬登？每一件銷售案都不同！都不一樣。潛在客戶的需要、信念、價值觀、反對理由和痛點全都不同，因此，每一件銷售案怎麼可能一樣呢？」

事後回想，我可以了解他們的觀點。

事實上，我可以了解他們的所有觀點——全世界有好幾百萬人參加我的直線銷售說服法研討會，他們全都抱著這種想法，因此當我站上講台，以絕對確定的語氣，說每一件銷售案都相同時，他們都會側著頭、瞇著眼，心存懷疑。

這種觀念畢竟太牽強附會了吧？

即使你撇開我上面說的明顯事實，你也會問每一件銷售案怎麼可能都相同？全球市場上銷售的無數產品和服務全都不同，潛在客戶的個人財務狀況不同，面對銷售案時的先入為主觀念也不同，他們不但對你的產品看法不同，而且對你個人、對整體業務人員的信任度，對購買決策過程的看法，也都不同。

事實上，你想得到的所有銷售狀況中，可能出現這麼多明顯的差異，再看到只有少數人能夠心安理得，考慮從事銷售和發揮影響力的工作，自然就不會驚訝了；絕大多數人即使知道從事銷售和發揮影響力，對於追求財富和成就絕對重要之至，卻還是會主動避開這種狀況。

更糟的是，這一小部分覺得安心的人當中，只有非常少數的人，能夠變成頂尖業務員，其他人會困在庸碌、平凡中，努力「做業務」，繼續賺到還算值得的鈔票（畢竟，連規矩業務員做成業務後賺到的錢，都高於和業務無關的工作），卻永遠體驗不到頂尖業務員所享受的財務自由，他們對這種境界，總是會有望塵莫及的感覺。

這種現實令人難過，卻困住相信每一件銷售案都不同的業務人員——這種發現讓我覺得像受到原子彈轟炸一樣，直接促使我創造出直線銷售說服系統。

這種發現不是我慢慢想出來的，而是我在我的證券號子最早的交易廳裡，舉辦緊急銷售訓練時突然想到的。那時，我手下只有十二名營業員；就在那個星期二晚上七點十五分，這些營業員都坐在我前面，臉上掛著我後來會極為熟悉的困惑和懷疑表情。

大家都說，我正好在四星期前，看出股市裡有一個沒人開發的利基市場——對美國最富有的百分之一人口銷售五美元股票的市場。不管原因是什麼，總之，華爾街上還沒有人這樣做過，我親自測試這個構想時，成績好到不可思議，因此我決定徹底改造我經營的證券號子。

當時，我的公司正在對普通夫妻散戶，推銷雞蛋水餃股，而且我們從開業第一天起，銷售就極為成功。事實上，我們開業滿三個月時，我手下的一般營業員每個月的銷售佣金收入，已經超過一萬二千美元，其中一位更是賺到這筆錢的三倍以上。

這個人不是別人，正是我未來的左右手唐尼・波路西（Danny Porush），後來，比較苗條、有點齙牙的喬納・希爾（Jonah Hill）在電影《華爾街之狼》中，用不太嚴謹的方式飾演他，讓他在大銀幕上永垂不朽。

總之，波路西是我第一個教導怎麼銷售雞蛋水餃股的學員，他像我一樣，是天生的業務員。當時我們在一家銷售雞蛋水餃股的小型號子裡共事，這家號子名叫投資人中心公司（Investor Center），波路西擔任我的助理。我帶著波路西，一起離開這家號子，創設自己的號子，從此以後，波路西一直都是我的左右手。

波路西在我們開業試銷的第五天，找到一位有錢投資人，簽下第一張鉅額委買單。他從這張單子上賺到的手續費高達七萬二千美元，金額非常大，如果我不是親眼看到，一定不敢相信。為了讓你了解，我要說，這筆錢是雞蛋水餃股一般交易佣金的一百倍以上，根本就是徹底改變遊戲規則的交易。

直到今天，我都忘不了波路西拿著那張黃金委買單、走進我辦公室時的表情。我也永遠忘不了片刻之後，我恢復鎮定、看著交易廳時，看到自己的前途完全展現在眼前的樣子。就在那一瞬間，我知道這是我的公司最後一天推銷雞蛋水餃股。想到富有投資人的驚人財力，如果我們再亂槍打鳥，打電話向散戶推銷，根本就沒有道理，事情就是這麼簡單。

現在唯一要做的是教手下怎麼對富人推銷，其他的一切都不必多說了。

不幸的是，情形像大家常說的一樣，「知易行難！」訓練剛剛脫離青春期的一群小笨蛋，跟美國最富有的投資人短兵相接，果然遠比我所想像的難多了，事實上，還難到他媽的完全不可能。

經過四星期的電話銷售後，我的員工沒有拉到半個新客戶，連一個也沒有！更糟的是，因為是我主張改弦易轍，營業員都認為，我要為他們目前的慘狀負責。

他們其實是從月入一萬二千美元，變成月入零元，我黔驢技窮，不知道該怎麼訓練他們。說真的，什麼方法我都試過了。

我的系統徹底失敗後，我看了無數跟銷售有關的書籍，聽過很多錄音帶，參加本地的研討會，甚至橫貫美國，飛到加州洛杉磯，參加一場為期三天的銷售研討會，因為據說世界上所有最偉大的銷售訓練大師，都會在這場研討會上齊聚一堂。

誰知我再度空手而回。

我很困擾，但是經過整整一個月的情報搜集後，我搜集到的最寶貴情報是：我自己的訓練系統遠比所有系統先進多了，如果連這種系統都不能成功，我還能怎麼辦？我開始想到，或許這只是不可能的任務。

或許我那些手下能力根本不足，無法向富人推銷，他們太年輕了，受過的教育太少，有錢人不會把他們當回事。可是波路西和我繼續打電話給潛在客戶，仍然能夠創造極大的成就，又要怎麼解釋呢？這時，我的成交比率已經升到五成以上，波路西的成交比率也有三成出頭。

我們全都撥電話給相同的客戶，說的是相同的口白，推銷相同的股票，結果怎麼會差這麼多呢？這種情形會把人逼瘋，更糟糕的是，會逼迫大家跳船。

到第四個星期結束時，我的員工大概都放棄了。他們在絕望之餘，回到雞蛋水餃股的天地，走在叛逃的邊緣上。

情形就是這樣，我坐在交易廳前，渴望找到突破。而我馬上會發現，其實我剛剛找到突破。

現在我回想自己站在營業員前面，努力解釋為什麼每一件銷售案都相同時，根本沒有想到，我馬上會發明世界上最厲害的銷售訓練系統。

那天晚上，我說每一件銷售案都相同時，我的意思、還有我想到的最深層觀念，都是：雖然前面說過一切的一切都不同，個別需要、反對理由、價值觀、痛點都不同，但是你想跟潛在客戶完成銷售前，他們心裡必須浮起的三大要素卻完全相同。

我要重複一遍：每一件銷售案都相同，因為雖然有這麼多不同的個別因素，你想跟潛在客戶成交前，他們心裡必須浮起的三大要素卻完全相同。

不管你賣什麼、怎麼賣、成本多少、潛在客戶多有錢，這些都不重要；不管你賣的東西有形或無形、不管你是用電話銷售還是面對面銷售，這些事情也都不重要。如果你能夠在某一瞬間，在潛在客戶心裡創造三大要素，你就大有可能成交。反之，如果三大要素缺一樣，你根本就完全沒機會。

三個十分量表

我們把這三大要素叫做「三個十分」（Three Tens）要素，實際做法是依據一到十分的量表，衡量客戶心中當下的確定性高低。

例如，如果潛在客戶目前在確定性量表上得到「十分」，就表示客戶這時處在絕對確定的狀態中。相反的，如果潛在客戶得到「一分」，就表示他處在絕對不確定的狀態中。

我們談到跟銷售有關的確定性時，腦海裡最先浮現的想法，是實際產品確定賣出了。換句話說，潛在客戶可能購買產品前，首先必須絕對確定這種產品對他們有意義，例如能夠滿足他們的需要、消除他們可能有的痛苦，或是物超所值……

因此，三個十分量表中，第一種量表要衡量**你的產品**。

三個十分量表

1. **產品、構想或觀念**
2.
3.

基本上，你的潛在客戶必須絕對確定自己超愛你的產品，或是像我在直線銷售說服系統中喜歡說的一樣，潛在客戶必須認為，這是有史以來最好的東西！

這種東西包括有形產品，如汽車、船舶、房子、食物、衣服、消費商品和大家提供的所有勞務，也包括無形產品，如構想、觀念、價值觀、信念，或你對未來所抱持的遠見。

長久以來，我發現要解釋三個十分要素，最簡單、最有效的說法是想像下圖這樣的

不確定性

一分 ———————— 十分

絕對不確定　　　　絕對確定

「連續確定性」。

請注意，這條連續頻譜的右端是十分，代表潛在客戶絕對肯定你所銷售產品的價值和效用，簡單說，潛在客戶熱愛之至！

例如，如果你問潛在客戶怎麼看你的產品，絕對誠實的答案應該像：「噢，天啊，這簡直是有史以來最好的產品！不但滿足我所有的需要，也十分物超所值！我只能想像將來我用起來會多滿意，會像從肩膀上卸下千斤重擔一樣！」

這種情形在確定性量表上會得到十分，表示潛在客戶絕對熱愛你的產品，而且絕對肯定這一點。

相反的，頻譜最左邊的分數是一分，代表潛在客戶對產品的價值和效用絕對不肯定，簡單講，他們認為這種東西根本就是垃圾。

這時，如果你拿同樣的問題問潛在客戶，他們的回話會類似：「你的產品是我這輩子所見過最糟糕的垃圾！不但東西賣得超級貴，而且看起來像垃圾、用起來像垃圾、感覺像垃圾，做的也像垃圾，你愈快拿開，我愈高興。」

這種情形在確定性量表上，會得到一分，代表潛在客戶絕對討厭你的產品，你很難改變他們的心意。

量表上還有介於一分到十分的中間分數，五分代表徹底的猶豫不決、代表潛在客戶不偏不倚。用正常的業務術語來說，就是指潛在客戶舉棋不定，處在特別微妙的情況中。然而，直線銷售說服系統看待五分的角度正面多了，事實上，對直線銷售老手來說，五分的潛在客戶胸口上印了一則大標語，上面寫著：

請立刻影響我！

我下不了決心，

所以請幫忙我！

這裡你該記住的重點是：五分雖然表示潛在客戶對你的產品喜惡參半，卻不表示你只有一半的成交機會。

確定性量表上的三分和七分意思相同，基本上是互為倒影。如果分數是三分，代表潛在客戶認為，你的產品大致上是廢物，只是沒有像一分那麼糟糕。如果分數是七分，代表潛在客戶認為你的產品很棒，只是沒有像十分那麼棒。

然而，不論潛在客戶的分數是七分還是三分，你都要記住兩個重點。第一，潛在客戶確定或不確定的感覺，都沒有像處在左端或右端那麼堅決。第二，他們在頻譜上的位置不會直接轉化，不會提高或壓低你最後的成交機會。換句話說，他們現在的確定狀態只代表當下，沒有永久性，他們正熱切地等你去影響他們。

到了請求潛在客戶下訂時，你不必變成火箭科學家，也會知道潛在客戶愈接近十分，你成交的機會愈大。相反的，潛在客戶離十分愈遠，你成交的機會愈渺茫。我們要務實地說，如果潛在客戶的分數介於一到五分之間，基本上，你不會有機會做成交易，原因跟所謂的積極意願有關，積極意願是所有人類做決定的基礎。

換句話說，大家不會買他們認為會讓日子難過的東西，會買他們認為會讓日子好過的東西。然而，這裡的關鍵字眼是「認為」。總之，光是因為某個人抱著積極的意願，不見得表示積極意願會對後來的決定產生正面的影響。

事實上，很多人的情形經常不是這樣，他們的生活會被一系列弄巧成拙的決定打斷。然而，連做出這種差勁決定的人，在做決定的當下，都認為自己做出了妥善的決定，這就是積極意願的定義。

因此，你要求潛在客戶下訂時，如果他們認為你的產品是垃圾，那麼，你絕對沒有成交機會。相反的，如果他們的看法正好相反，那麼，你就會有絕佳的成交機會。

基本邏輯就是這樣。

因此，我要問你一個問題：

假設你剛剛對一位擁有足夠財力、需要又想要你產品的人，做完絕對超級棒的銷售說明，他原本因為需要得不到滿足，覺得有一點痛苦，現在你的產品完全符合他的需要。此外，我們也假設你的銷售說明極為「切中要害」，因此你要求他下訂時，他們在確定性量表上的分數是十分，而且對這一點絕對肯定。我的問題是，他會跟你買東西嗎？會、還是不會？

答案顯然是會，對吧？

你回答這個問題前，我希望你知道，我曾經對世界各地的聽眾，說明同樣的情境，提出同樣的問題。我要求聽眾，如果潛在客戶在這種情況下，會跟他們買東西，請他們把手舉起來，結果每個人都舉起手來。

不論我在世界上的哪一個地方，不論聽眾人數多少，不論他們有多少業務經驗，除非他們學過直線銷售說服系統，否則他們總是都會舉手。

這時我會說出最有力的一句話。

我會說：「真的嗎？噢，猜到了嗎？你們全都錯了，正確答案是可能——可能會買，也可能不會買。我剛才故意跟你們賣一個小小的關子，而且我在剛剛說的情境中，漏說了一個關鍵重點：

如果潛在客戶不信任你，會有什麼結果？

例如，假設你進行銷售說明時，無意間說了或做了一些惹毛潛在客戶的事情，以至於潛在客戶不再信任你，那麼，他們跟你買東西的機會有多少？

我要告訴你們答案：毫無機會！完全不可能！免談！

簡單之至，如果潛在客戶不信任你，那麼他絕不可能跟你買東西。而且，我要再說一遍，不管他們有多肯定你的產品，他們還是不會跟你買。事實上，如果他們這麼想買你的產品，他們會去找賣同樣東西的其他人、找他們信任的業務員買，就是這麼簡單。

因此，三個十分量表上的第二項因素是：

你！

三個十分量表

1. **產品、構想或觀念**
2. **你、對你的信任和關係**
3.

例如，他們是否認為你和藹可親、值得信任？不但是你所屬領域的專家，也會自豪的承諾會把客戶的需要擺在第一優先，出問題時，保證會立刻到場解決問題？

如果是這樣，在確定性量表上會得到十分。

還是他們認為你不和藹可親、是「陰險小人」、是冷酷無情的新手？只要他們一轉身背對著你，就會被你捅上一刀，因為你只關心從這筆交易中，抽取最高額的佣金，再盡快地走向下一個目標。

如果是這樣，在確定性量表上會得到一分。

你在量表的兩個極端之間上上下下移動時，會碰到不同程度的確定性。

例如，潛在客戶或許會認為，你相當值得信任，但是他們卻不是非常喜歡你，或許你在說明業務時，說了什麼話，破壞了你們之間的融洽關係，或許這種事情更早之前就發生了，在潛在客戶看你第一眼時就這樣了。或許這種情形跟你的模樣有關，或是跟你們的握手方式有關，或是跟你和他們眼光接觸多少次有關，這種事情讓潛在客戶不高興，因此妨礙了你跟他們建立深厚關係的機會。

原因也可能是你設法收集情報，判定潛在客戶的需要和價值觀，了解他們的財力狀況時，你問問題的方式讓潛在客戶不滿。或許你展現了宗教裁判所「審判長」的樣子，像雷射導引一樣精準的問問題，讓別人覺得你比較關心抽取最多的佣金，對解決他們的痛苦比較不在乎。

總之，我的意思是，就像潛在客戶對你的產品，會有不同程度的確定性感受一樣，他們對你這個人，也會有不同程度的確定性感受。

因此，如果你希望你要求下訂時，潛在客戶會說好，你必須在你和你的產品這兩件事情上，讓他們落在盡量靠近十分的地方。

現在，我要問你一個問題：

假設你能夠在這兩件事情上，讓潛在客戶停在非常接近十分的地方，他們會跟你買東西嗎？會還是不會？

希望你現在已經了解，也猜出答案跟上次一樣，就是可能——可能會，卻也可能不會。

我跟上次一樣，漏了這種情境中一個非常重要的要點，就是如果潛在客戶不信任你服務的公司，結果會怎麼樣？

例如，假設潛在客戶看了對貴公司非常不利的東西，以至於認為你們公司可能不會做你的後盾，支持你所銷售的產品，或是產品出問題時，得到的售後服務會很差。在這種情況下，他們跟你買東西的機會有多少？

少之又少，少到你必敗無疑。

很簡單，如果潛在客戶不信任你服務的公司，只要你繼續在那裡服務，他們絕對不可能跟你買東西，除非你能夠用別的方式說服他們。

我還是不管他們在頭兩種十分量表中有多確定，如果他們認為，你服務的公司最後會想辦法搞死他們，他們絕對不會跟你買東西。

這就是構成第三個十分量表的東西。

三個十分量表

1. **產品、構想或觀念**
2. **你、對你的信任和關係**
3. **潛在客戶必須信任你們公司**

事實上，賣東西給現成客戶比賣給新客戶容易多了，原因就在這裡，即使你和客戶沒有私人關係，還是這樣。潛在客戶已經跟你們公司搭上線，表示第三個十分已經建立完成，你只要處理頭兩種十分量表的問題。

假設你在財星五百大企業中服務，公司的名聲無懈可擊，表示潛在客戶在第三個十分量表上，已經處在很高的確定性水準上，那麼你跟他完成交易的機會就非常高，情形十分明顯，對吧？

但是，在這種情況下，不這麼明顯的事情是：你的潛在客戶在頭兩種十分量表上，也覺得非常確定，極有可能跟你完成交易！

換句話說，在你開口前，潛在客戶會覺得信任你（因為知名企業會小心謹慎地選擇員工、會花時間訓練員工），也會信任你推薦的產品（因為知名企業賣低級產品會有太大損失）。

相反的，如果你替名聲可疑的企業服務，那麼潛在客戶在銷售接觸過程中，會處在低很多的確定性水準上；事實上，看你們公司的名聲多差而定，你可能發現自己處在艱苦奮戰的情況中，因為很多潛在客戶會抱著低於三分的確定性水準，跟你進行銷售接觸。

最後，如果你在一家小公司服務，公司名聲不好也不壞，只是沒沒無聞而已，這樣幾乎不會影響潛在客戶以什麼確定性水準，進入銷售接觸階段，他們會像跟從來沒有聽過的公司打交道時一樣，只會有經常性的懷疑而已。

無論如何，應該記得的最重要重點是：潛在客戶總是會在確定性量表上的某一點，跟你進行銷售接觸，到底在哪一點，就沒有人知道了。畢竟我們都不會讀心術。然而，我們知道的是，潛在客戶一定處在量表上的某一個點上，因為他們不是剛從外太空過來或是剛從岩石底下爬出來的人。他們一直住在這裡、住在這個星球上，這點表示，他們對你銷售的產品、對你所屬的產業，至少有一些經驗。

例如，假設你是汽車業務員，在一家賓士汽車經銷商服務，即使你的潛在客戶從來沒有開過或坐過賓士，你應該不會期望他們像《二〇〇一：太空漫遊》電影中的黑猩猩一樣，厲聲尖叫，在引擎蓋上跳上跳下，好像想了解他們完全陌生的奇異物品。

懂了嗎？

我要說的是，不管你賣什麼產品，不管潛在客戶是自己找上門來，還是回答你的推銷電話，或是點擊你的網頁，他們總是都會對你、對你的產品和你服務的公司，抱著先入為主的想法，跟你進行銷售接觸。

總之，我們隨時都會背著包袱，背著由信念、價值觀、意見、經驗、勝利、失敗、不安全感和決策策略構成的包袱，然後我們的大腦會根據這一切，以近乎光速的速度運作，立刻把這些東西，跟眼前的狀況拉上關係。再根據得到的結果，替我們在三種確定性量表中的每一種量表上，找到頭腦認為適當的地方，這個地方是我們可能受到別人影響的起點。

如果你認為這樣似乎有點複雜，不要怕，我跟你保證並不複雜。事實上，即使你只大致熟悉直線銷售說服系統，不管潛在客戶一開始時，處在確定性量表上的什麼地方，你都能夠應付，而且可以相當輕鬆地在確定性量表上，把他們的分數愈推愈高。這樣做只是立刻接管銷售控制權，再推著潛在客戶沿著直線銷售路線逐步前進，同時大幅提高他們的確定性，從開始銷售走到完成交易階段。

兩種確定性的形式

現在我只剩下一件跟確定性有關的事情，必須讓你了解，就是確定性其實分為兩種，一種是理性的確定性，一種是感性的確定性，兩者截然不同。

理性的確定性

理性的確定性主要是以你說的話為基礎。例如，你對潛在客戶的說明在知識上合理嗎？我指的是實際事實、數字、性能、好處、和跟潛在客戶特別有關的長期價值陳述。

換句話說，從冷靜、理智的角度來看，你對他們陳述的想法和論證有道理嗎？你的產品或服務真的符合他們的需要嗎？和對手的產品或服務相比，價格公道嗎？成本效益比率是否明確指出，這筆交易確實非常上算？

潛在客戶從合乎邏輯的角度肯定你的產品時，他們可以從頭到尾，把你的陳述中所有合乎邏輯說法的重點串連起來，卻找不到其中有任何漏洞。因此，他們覺得自己很有信心，能夠把你的說法告訴別人，如果有必要，他們會說服這個人，他們可以完全證明他們的感覺確實有道理，同時，從純粹實證的觀點來看，真理站在他們這一邊。

理性的確定性就是這樣。

感性的確定性

另一方面，感性的確定性是以某樣東西一定很好的直覺為基礎，一旦我們的腦海裡浮現這種感覺，我們心中會湧現無論如何都必須滿足的渴望，即使要付出高昂的代價，也在所不惜。

感性的確定性和理性的確定性不同，跟描繪未來的景象，讓潛在客戶看到他們買了你的產品後，使用起來十分滿意的感受有關。

這種技巧叫做設想未來，是我們從情感上打動別人的基本功。

你對別人運用設想未來的技巧時，基本上是盡量用最好的方式，放映購買產品之後的電影，讓別人現在體驗你的產品美妙的好處，產生正面的感覺。潛在客戶的需要滿足

確定性頻譜

一分 —————— 十分

絕對不確定　　　　絕對確定

了；痛苦消除了；所有癢處都搔到了，因此他們會感覺很美妙。

如果你不知道哪一種確定性比較重要，答案是兩種都重要，如果你希望在最高水準上成交，兩種確定性都絕對不可或缺。

大家不是根據理性，而是根據感性買東西，然後用理性來證明自己的決定有道理。理性心理本質上具有分析性，因此你提供愈多資訊，理性心理希望得到的資訊會愈多。因此，如果你把潛在客戶理性的確定性，提升到很高的水準，他們會說：「聽起來很好，我要想想看……」或是說：「我要再多研究一下，我會回電給你。」

然而，如果你跳過理性的說理，把重點完全放在創造感性的確定性上，也不會產生神奇效果，因為理性心理會充當鬼話偵測器，會在事情不合理時，阻擋我們，以免被情感淹沒。因此，如果你希望在最高水準上完成交易，那麼你必須在潛在客戶身上，激發理性和感性上的兩種確定性，你根據直線銷售法，從頭到尾推著潛在客戶前進時，就是在做這件事（後文還會詳談）。

因此，在我們採取下一步行動前，我要為你摘述一下重點。

簡單說，如果你能夠把潛在客戶，在三個十分量表上的兩種確定性，都推升到很高的水準，那麼你就有完成交易的絕佳機會。相反的，如果你連一種量表都搞不定，那麼你根本沒有半點成交機會。

不過，我要說清楚，我說沒有機會時，不表示潛在客戶會直接說不。事實上，你遵循直線銷售說服系統的原則時，幾乎根本不會聽到「不」這個字，只有在銷售初期，你第一次自我介紹，或設法了解潛在客戶是否適合時例外。

這時，你會聽到不這個字，可是這樣絕對不是問題。事實上，這是直線銷售說服系統的重要特徵，也是基本哲學，我們對無意購買的人，不會展開全面銷售說明。

相反的，我們希望在收集情報期間，盡快剔除這種人（這一點後文會詳細探討）。**請記住，業務人員的職責不是把「不」變成「是」，業務員根本不該這樣做；而是應該把「讓我考慮一下」變成「是」，把「我再回你電話」變成「是」，把「我要跟太太談談」變成「是」，把「現在時機不好」變成「是」。**

我們在傳統銷售術語中，把這些說法叫做「反對理由」，反對理由通常在銷售過程的後段，在你第一次要求下訂時出現。

不過，實際上，任何反對理由的真正意義和表面說法之間，幾乎都沒有什麼關係。

到了最後，反對理由只是障眼法而已，代表潛在客戶對三個十分量表的全部或一部分，有著不確定的感覺。

換句話說，如果你要求下訂，潛在客戶在確定性量表上卻不是高高在上，他們會使出障眼法，說出常見的反對理由，而不是說出真相，不是明白表示阻止他們購買的是哪一個十分量表。

我等一下會談到一個例外，但是，我的意思是，超過百分之九十五的常見反對理由，只是潛在客戶的手段，他們寧願從銷售過程中優雅地退出，也不願意逼視業務員，直說自己在三個十分量表上缺少確定性。

例如，你對剛剛花了十分鐘時間，告訴你某種產品有多好的人，會說對抗性低多了的「讓我考慮一下」或「現在時機不好」，不會說：「我不信任你」、「我認為你的產品很不好」、「我不喜歡你們公司」、「我現在買不起」、或「你的產品似乎還不錯，但是，我不能百分之一千的確定，我根本不能冒著買錯東西的危險，以免另一半在家裡追著我，尖叫著說：『我早就告訴過你！我早就告訴過你了！』」

因此，潛在客戶為了避免正面對抗，特別編造出小小的白色謊言，剛好足以讓業務人員保持虛假的希望，認為現在結束銷售過程，不對潛在客戶進一步施壓，還有機會得到回電。

潛在客戶經常會先說短短地一句話，說明他們多麼喜歡你的產品，做為表示反對的開場白。例如，潛在客戶可能先說，「聽起來很好，老兄」，或「真的很有意思，老兄」，然後才說：「只是我必須先跟太太說，我明天給你回電，好嗎？」

潛在客戶就這樣優雅地從銷售過程中退出，業務人員如果很嫩、相信這種假話，不但是放棄任何成交機會，後來撥電話給所有說要回電的人時，還會感覺十分難受，因為這些人本來就沒有購買意願。

如果你對直線銷售法處理反對理由的策略，有什麼不同的看法，我希望在我們繼續談下去前，消除你認為我們可能提倡、支持、甚至隱隱推薦高壓銷售戰術的想法。

簡單講，我們不會這樣做。

我前面談的是完全不同的東西，也就是說，我主張大家在銷售過程中坦誠相見，對潛在客戶和業務人員都有好處，其他的一切都是浪費時間。

在直線銷售說服系統中，誠實溝通十分重要，我們不會讓機運影響誠實溝通，為了確保誠實溝通，我們把這件事當成業務人員唯一的責任，提供業務人員萬無一失的公式，好讓業務員每次都能得到這種結果。

說到這裡，我們得回到那個星期二晚上、直線銷售說服系統突然閃現在我腦海裡的時候。巧合的是，怎麼應付潛在客戶反對理由的問題，正是促使我思考改善業務員訓練方法、想出所有銷售案都相同這種重大突破性想法的契機。

那天晚上七點正，會議開始。

這次會議會改變全世界幾百萬富人和窮人的生活，創造出來的超級業務員，會比所有其他銷售訓練系統加總起來還多。

2 直線銷售說服系統的發明

我對史崔頓公司的員工說：「我準備談一整個晚上。」我的眼神帶著威脅，緩緩地鎖定每個人的眼睛，讓每個人都感受到我瞪視中的全部力量。他們坐在舊木頭桌子後面，桌子排成好像教室課桌椅一樣，每張桌上都放了一具便宜的黑色電話、一台灰色的電腦監視器，還有一疊大概一百張的三乘五索引卡，索引卡是我用每張二十二美分，跟著名徵信業者鄧白氏（Dun and Bradstreet）公司買來的。每張卡片上有一位富有投資人的姓名和電話號碼，還有他們擁有的公司和公司前一年的年度營業額。

對波路西和我來說，通稱鄧白氏徵信卡的這種卡片跟黃金一樣寶貴，每兩百張卡片會產生十位合格的潛在客戶，我們可以從中開發出兩、三位新客戶。這樣的數字聽來可能不是太可觀，但是，任何營業員連續這樣做三個月，就會踏上年所得超過二百萬美元的大道，連續做個一年，就會賺到三倍以上的財富。

可惜我這些手下的成績一直沒有這麼可觀，反而還糟糕透了。他們每撥兩百通鄧白氏卡片上的電話，平均只找到五位潛在客戶，從這五位潛在客戶中，他們平均能夠開發的客戶……連一個都沒有。

一直都是這樣。

「噢，你們可以坐得舒服點，」我說：「因為不把這件事搞清楚的話，我們都不能離開。所以我就絕對誠實地開始說吧，我希望你們告訴我，為什麼你們覺得拉有錢人的生意這麼難，因為我真的搞不懂。」我聳聳肩後說：「我可以這樣做！波路西可以這樣做！我知道你們也可以這樣做。」

我發出有點同情的笑容後，又說：「你們對這件事好像有點心理障礙，現在我們該打破這種障礙了。因此一開始，先由你們告訴我，為什麼你們覺得這件事這麼難？我真的想知道。」

時間過去了一陣子，我站在大廳前面，看著一群手下的眼睛，他們在我的瞪視下，好像真的在椅子上縮小了。不錯，他們好像穿著駁雜衣服的小丑一樣，由形形色色的人組成，這樣的人居然能夠通過營業員考試，的確也是奇蹟。

最後，有一個人打破了沉默。

「反對理由太多了，」他抱怨說：「我到處都碰到反對的理由，搞得我甚至無法發動推銷攻勢！」

「我也一樣，」另一位營業員補充說：「反對的理由成千上萬，我也施展不開銷售攻勢，這件事比推銷雞蛋水餃股難多了。」

「一點也沒錯，」第三位營業員補充說：「反對理由整死我了。」他嘆了長長的一口氣後說：「我也投雞蛋水餃股一票！」

「我也一樣，」另一位營業員說：「問題在於反對理由就是不肯罷手。」

其他員工開始點頭，表示贊同，暗暗表達他們不同意的共同心聲。

但我絲毫不為所動，除了其中一位提到的「投票」外——他以為這是他媽的民主制度嗎！其他怨言我以前全都聽到過。

事實上，從我們轉攻有錢人開始，營業員一直都在抱怨，說反對理由不斷增加，極難克服。雖然其中有幾分真實性，實際上卻沒有他們所說的那麼難，甚至還差遠了。會有成千上萬種反對理由嗎？少來了！

有一剎那間，我考慮立刻對煽動人心、提到「投票」的員工採取行動，但是，我決定不這麼做。

現在該讓他們永遠拋棄這些鬼話了。

「說得相當有理，」我帶著一絲諷刺的意味說道：「因為你們都極為確定有上千種反對理由，我現在想把每一種反對理由都列舉出來。」說完，我轉向白板，在白板架上抓了一支黑色的神奇麥克筆，舉到白板中央，然後說：「快！開始把所有反對理由說出來，然後我會替你們一個、一個找出答案，讓你們看出這種事情多麼簡單。快，趕快說！」

這些員工開始在椅子上忸怩不安，似乎完全嚇呆了，好像車頭大燈照著的一群鹿，卻沒有鹿那麼可愛。

「快，」我催促他們，「現在就說出來，否則就永遠閉嘴。」

「『我要考慮一下！』」終於有人說出一個反對理由了。

「好，」說著，我在白板上把這句話寫下來。

「他希望考慮一下，非常好的開始，請繼續。」

另一個人吼著說：「『他希望你回電！』」

「好，」說著，我把這句話也寫下來。「希望回電。還有嗎？」

「『寄給我一些資訊！』」

「好，這個理由很好，」說完，我把這句話也寫了下來。「請繼續，我會把事情弄得簡單一點，我們希望寫出一千個，只剩下九百九十七個要寫。」我對他們發出諷刺性的笑容。「這件事十分好辦。」

「『現在時機不好！』」有人喊著。

「好，」我回答說：「請繼續。」

「『我需要跟太太商量！』」另一個人叫道。

「『或是跟合夥人商量！』」還有一個人這樣說。

「太好了，」我鎮定地說，一面把兩個理由寫下來。「我們進步神速，只剩下九百九十四個了，請繼續。」

「『我現在手頭不方便！』」一位營業員喊著。

「啊，對了，這是很好的理由！」我迅速回答，把這句話草草地寫在白板上，一面說：「不過，你們得承認，從我們開始打電話給有錢人以來，你們聽到的這種回答並沒有那麼多。總之，我們繼續說下去，還有九百九十三個原因呢。」

「『我只跟本地的營業員交易！』」有一位營業員喊道。

「『我從來沒有聽過你們公司！』」另一位營業員大聲說。

「『我以前吃過虧！』」

「『我不喜歡現在的市場！』」

「『我太忙！』」

「『我不信任你！』」

「『我不會匆匆忙忙做決定！』」

他們繼續說出一個又一個的理由，我把每個理由都寫下來，字跡愈來愈潦草。

他們說完後，我發現白板上寫滿了他們所能想到的每一種理由……最後總共只有十四個而已。

不錯，只有十四個理由，其中一半是兩個理由的變化，第一個是現在的時機不好，例如現在是報稅期、夏天、開學期間、聖誕季、籃球熱季、土撥鼠節等等。第二個理由是他們必須跟別人先商量，例如跟另一半、律師、事業夥伴、會計師、本地營業員、本地預測專家、本地牙仙子談過。

我心想，全都是鬼話！

過去四個星期，我手下一再表示，他們不可能解決他們所說的「上千個理由」，以至於我處在最低潮時，幾乎相信他們說的很對，認為反對理由真的是太多了，多到一般業務員無法應付，波路西和我這麼有成就，是天生業務員和一般人不同的另一個例子。但是這些話全都是鬼話！

忽然間，我的臉熱了起來。

事後回想，早在我發明直線銷售說服系統前，我一直都知道，不同的反對理由之間，其實完全沒有不同。但是，看到這些理由全部寫在白板上，卻多少凸顯了彼此可以互換的現實。事實上，就是在那一刻，我才真正想到，歸結到最後，這些理由基本上完全相同，頂多只是阻止潛在客戶採取行動的障眼法，真正意義是潛在客戶的心裡不確定。

既然我想到這一點，不管潛在客戶拿什麼理由搪塞我，我絕對不會回應，不會再要求潛在客戶下訂。這樣做毫無意義，因為反對理由只是掩飾不確定的障眼法。事實上，所有的答案、即使是完美的答案，都只會迫使潛在客戶轉移到新的理由，因為根本問題仍然沒有解決。

因此，我回答反對理由後，還是要繞回銷售過程的起點，從最初銷售說明結束的地方，開始進行後續說明，希望提高潛在客戶在所有十分量表上的確定程度。我每次都必須像推動其他策略一樣，用完全相同的方式，推動我的每一個循環策略。

就在那一刻，我突然萌生每一個銷售案都相同的想法。事實上，這個念頭是瞬間湧現在我的腦海裡，一剎那間，我可以用來解釋這個想法的簡明圖像跟著冒了出來。

結果，這種圖像是一條完美的直線。

不過，這還只是開始而已。

我的腦子轉來轉去，心窗豁然開朗，讓我不受限制，長驅直入儲存無限堪稱純粹業務智慧的超大儲藏庫。我說的是極為先進的東西——想法、觀念、戰術和策略以極為驚人的速度，掠過我的腦海，我可以在自己的心眼裡，看到我的銷售策略拆解成基本元素，然後又用十分正確的方式，依據一條完美的直線，重新組合起來。我的心跳好像停止跳動了一下，一切都在快到極點的情況下發生，幾乎就像電光石火，我卻覺得遭到像原子彈爆炸般的力量衝擊。

在那一刻之前，我一直不知道為什麼自己在服務過的每一家公司裡，銷售成績都遠勝過別人，但是，現在我知道原因了。

到當時為止，我的銷售策略大都埋在潛意識中，現在卻突然都湧進意識裡，我可以看出，策略的每一部分都像拼圖一樣，有著明顯的邊緣，每一部分似乎都對著我大聲說明自己的目的，但是不只這樣而已，其中還有更多得多的含義。

我把注意力放在任何一部分時，證明這個部分目的和位置的每一個初始經驗和記憶，突然間都回到我的腦子裡來；如果我更專注，一大堆話語會湧入我的意識裡，為每一個部分的存在和彼此間的關係，提供完美的解釋。

例如，如果我看著直線上註明「銷售說明」的某一點，我立刻就知道，在潛在客戶說好之前，必須先處理三件事情；接著，我更專注的話，「確定」這個字眼會跳進我腦海裡，再往下，在電光石火之後，好像飄浮在直線上的三個十分量表，會把場景拉回兒時，拉回到我在銷售過程中充當潛在客戶時，清楚記得自己對業務員說好或不好；場景還把我拉回到擔任業務員時，也清楚記得潛在客戶對我說好或不好。

我站在白板前，看著各種反對理由，過去所有的事情全都擠成一毫秒的影像，閃現在我腦海裡，整個過程可能短到只有一、兩秒，但是我轉頭面對手下時，已經改頭換面，完全不同了。

我掃過他們的臉孔，每個人的優缺點飛速跳進我腦中，把每一個人訓練成完美業務員的方法，也快速跳進腦中。簡單說，我要把自己怎麼做業務的方法，完全教給每一個

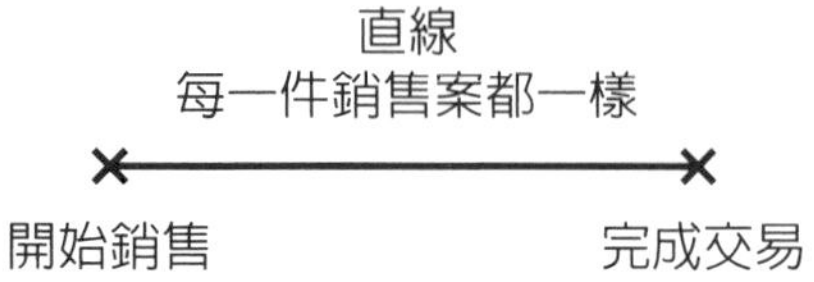

人，教他們像我一樣，立刻掌控銷售過程，再推動潛在客戶沿著一直線的最短捷徑，從開始銷售前進到完成交易。

我恢復信心後說：「你們不懂嗎？每一件銷售案都相同！」

十二位手下全都現出困惑的神色。

我不理會他們，愉快透露自己的發現。

「注意，」我用有力的聲調說：「這是一條直線！」我回身轉向白板，第一次在上面畫了一條又細又長的橫線，還在兩端各打了一個粗黑的大叉。

「噢，這是你們的起點，」我指著橫線左邊的大叉說：「銷售從這裡開始，這裡是你們完成交易的終點。」我指著橫線右邊的大叉說：「潛在客戶在這裡會說：『好，就這麼辦。』然後他會找你們開立帳戶。」

「實際上，這裡的關鍵是，你們開口說的第一個字、做的每一件事，目的都是要讓潛在客戶留在這條直線上，你們推著他，從起點慢慢向終點前進。你們現在聽懂我的話了嗎？」

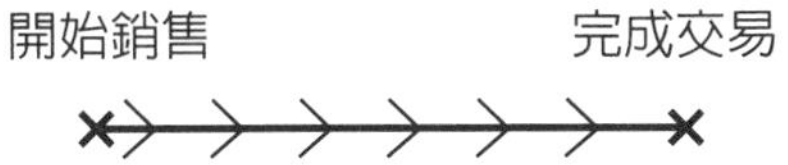

他們一起點頭，大廳裡極為寂靜，以至於你可以聽到一根針掉到地上的聲音，電流彷彿在空氣裡流動。

「好，」我迅速回應說：「業務員偶爾會碰到垂手可得的完美銷售，甚至幾乎就像在我們開口前，潛在客戶已經接受過事前銷售一樣。」我一面說，一面在橫線中央，畫了一個小小的箭頭，然後從左邊的大叉後面一點，沿著橫線往下滑，滑到右邊大叉前面一點點的地方。「在這種銷售狀況中，你們說的一切、做的每一件事、說明潛在客戶應該跟你們買東西的每一個理由，他都一直說，對、對、對，連一點反對都沒有，一直到你們請他下訂時，都是這樣，而且他同意完成交易。這就是我所說的直線式完美交易。」

「誰做過這種垂手可得，潛在客戶從一開始，就像接受過事前銷售一樣的完美銷售？你們做過吧？」我舉起右手，敦促他們同樣舉手。

十二隻手迅速舉起來。

「你們當然做過。」我信心十足地說：「問題是這種銷售太罕見，潛在客戶通常會一直努力把你們拖離直線，掌控你們的談話。」我畫

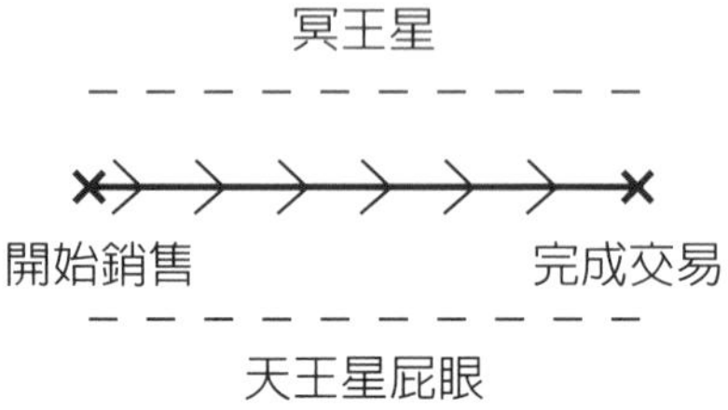

了一系列指向上方、下方和背離直線的細小箭頭，說明這一點。

「因此，基本上，你們希望讓潛在客戶留在直線上，向著完成交易的方向前進，他卻努力要帶你們脫離直線，上升到天外天的冥王星去——」我在靠近白板頂端的地方，寫下「冥王星」，「或是下降到這裡，降到你們的天王星屁眼去（譯註：天王星和『你的屁眼』的英文幾乎完全相同）——」我在靠近白板下緣的地方，寫下「天王星屁眼」的字眼，「至少對你們大部分人來說，這裡不是什麼很好的地方。」我兩手一攤，聳聳肩，好像是說：「到每個人的那裡去！」

「因此，我們在這條線的上方和下方，可以看到兩條健全的界線，一條在這裡，一條在這裡，」說著，我在那條直線上下方各五公分的地方，畫了一條平行的虛線。

「你們在這兩條界線中間時，代表你們掌握了銷售，向著完成交易的方向前進。脫出這兩條界線時，代表客戶在掌控一切，你們正飛升到天外天，或是向這裡、向天王星屁眼的深淵沉淪，跟客戶談論中國的茶葉價格、美國的政情，或跟銷售沒有密切關係的其他不相關主題。」

「我順便要說的是，我在大廳裡走動時，一直聽到你們談這些廢話，媽的，你們真是把我氣瘋了！」我嚴肅地搖搖頭。

「我說的是真話——你們有百分之九十的時間，都脫離直線，偏向怪異的冥王星，談一些跟股市無關的廢話。」我緊緊閉上雙眼，大搖其頭，好像說：「全都是徹底背離理性的話！」

接著，我說：「總之，我知道你們怎麼想——你們認為花愈多時間跟這些人哈啦，就愈能建立融洽關係。」

我語帶諷刺說：「噢，我有一個新聞快報要告訴你們。你們錯了，別人在兩秒鐘內，就可以看穿這種廢話，有錢人更是如此，因為他們時時刻刻都在防備廢話。他們覺得這些鬼話真的很討厭，而不是很有吸引力，跟建立融洽關係更是天差地別。」我聳聳肩，又說：「總之，這一點其實不重要，因為你們已經說了這些廢話，這些都是過去式了。」

「今天晚上，我要教你們我自己和我教波路西那樣的掌控銷售方法，這表示，你們要留在這兩條界線裡面，這裡是你們主導控制權的地方。乓、乓！」我右手握拳，用指

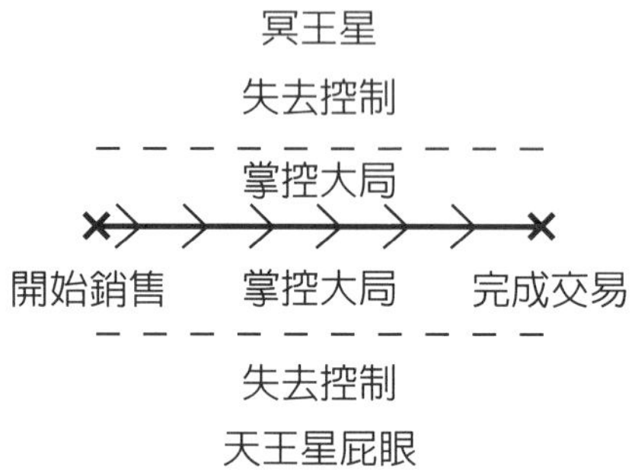

關節捶打在界線內側的兩點上，一拳打在那條橫線上方，一拳打在橫線下方，還在兩點上，寫下「掌控大局」的字樣。

「如果是在這裡和這裡，你們就失去控制權了。」我的右拳打在界線外的兩點上，一拳打在上方虛線之上，一拳打在下方虛線下面，然後在兩點上寫下「失去控制」的字樣。

我一面重複念著「掌控大局、失去控制」，一面捶打這些字樣。

「噢，你們守住這條直線時，表示你們直接站在這條線上，你們主導所有的談話，這上面的所有小箭頭，全都指著橫線盡頭、指向完成交易的地方。」我一面用麥克筆筆尖點在每一個箭頭上，從開始銷售後面的第一個箭頭開始，快速點到右邊完成交易的箭頭，一面說：「原因是你們說每一個字時，心裡都有一個特定的目標，就是要推著潛在客戶，沿著直線，向完成交易的地方前進，就是這樣而已，沒有廢話，沒有時間說傻話，沒有時間偏離到冥王星去，沒有時間談論中國的茶葉價格。」

「新手才會說廢話，」我對新手的輕視流露無遺。「你們說話時，你們的話要直接、有力，每個字後面都有意義；意義就是在你們從開始到結束，推著潛在客戶，沿著直線走的時候，要在他心中，建立大量的確定性。」我再度指著箭頭說：「這就是每個箭頭都這麼短小精幹、都位在橫線上的原因，而且所有箭頭都直接指著完成交易的地方。」

「因此，我要再說一次，這就是你們直接站在直線上時碰到的情況，你們主導談話，客戶在聽。你們實際上偏離直線，卻仍然留在界線內時，就是在這裡和這裡」我拍著兩塊空白的地方，說：「這時是潛在客戶主導談話，你們負責聽。」

「我順便要說的是，這就是某些真正大事出現的地方——你們實際上脫離這條直線，落在這些區塊時，這裡不會只發生一件絕對重要的事情，而是發生兩件絕對重要的大事。」

「第一，你們會在意識和潛意識中，培養立即而大量的融洽關係；第二，你們會收集到大量情報，今晚之前，我把這些情報稱為資格審查，但是從現在開始，我希望你們把這個說法，從腦中永遠徹底消除掉，因為就我們必須完成的任務來說，這樣說甚至連邊都還摸不到。」

「第二，你們運用直線銷售說服系統時，必須收集情報，而且我指的是大量的情報，遠超過了解潛在客戶是否擁有足夠的財力而已。」

「你們收集潛在客戶的情報時，全都是在做下面所說的事情。」

「**一**，你們要確定他們的需要，不只是他們的核心需要而已，還包括次要需求和可能有的『問題』。」

「**二**，你們要確定他們的核心理念中，有沒有可能影響銷售的理念，例如對利用電話辦事或快速做出決定覺得不安，還有，大致上不信任業務人員。」

「**三**，不管產品好壞，你們希望發現他們對類似產品是否有過什麼經驗，他們對賣產品給他們的業務人員有什麼看法。」

「**四**，你們希望確認他們的價值觀，這樣說的意思是：他們覺得哪些事情最重要？他們追求的是成長、還是收益？他們希望怎麼為退休打算？他們是否希望把獲利捐給某些慈善機構或宗教團體？你們甚至希望了解潛在客戶是不是行動狂、行動的目的是追求刺激？」

「**五**，你們希望確認他們的財力標準，包括他們覺得能夠讓他們安心的財富水準和消費能力。」

「**六**，他們有什麼痛苦，我的意思是，他們晚上為什麼睡不著？像鐵錨一樣，重重壓在他們心底的最大財務隱憂是什麼？」

「如果他們目前陷入否認狀態，那麼，知道他們的痛苦，有必要時，又能夠放大這種痛苦，最後才能幫忙你們完成這筆艱難的交易。」

「**七**，你們必須確定他們的財務狀況，包括他們目前在市場上投入多少錢，擁有多少流動性，他們通常投資多少錢在他們喜歡的概念上，整體的流動性有多高？」

「因此，我們現在要回到直線銷售上。」

「當你們偏離直線時，你們希望（一）繼續建立你們之間已經存在的融洽關係，（二）利用這種融洽關係，協助你們收集更具有侵入性的情報，例如潛在客戶現在有多少流動性。」

「同時，你們總是希望自己沿著直線，繼續向終點推動銷售過程時，能夠確保這次接觸會留在界線內。」

「基本上，直線銷售的前半部有三個基本原則：

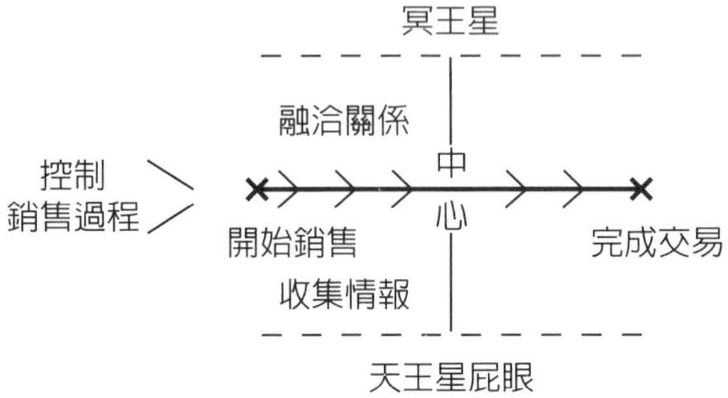

1. **你們必須立刻掌控銷售過程。**
2. **你們必須從事大規模的情報搜集，同時跟潛在客戶建立十分融洽的關係。**
3. **你們必須順利轉化到直線銷售說明上，以便為每一種十分量表，展開建立絕對確定性的過程。」**

「因此，我要再說一次，你們在銷售過程的前半部，首先必須立刻掌控銷售過程；然後利用這種主控權，收集大量情報，意思是你們必須問十分專業的問題，我會事先替你們整理好這些問題，確保你們能夠收集到所需要的所有情報，而且我之後會回頭談這個問題，因為你們從明天開始，就要問比過去多更多的問題。」

「接著，你們收集所有這些情報時，所用的方法必須讓你們能夠跟潛在客戶，建立非常融洽的關係，這一點絕對至為重要，因為你們沿著直線前進時，要問的問題會變得愈來愈具有侵略性。」

「然後，你們大約在這個時候，會第一次要求下訂，你們這樣做時，離起點仍然很近。」我指著線上離終點大約三分之一的位置，點了一個深黑色的大黑點說：「這裡是銷售過程後半部開始的地方，你們在這裡會碰到第一個反對理由。因此，整個前半部顯然只是修辭手法。」說完，我聳聳肩。

「我想我可以教他媽的一隻猴子讀著腳本，要求潛在客戶下訂，因此，不要以為你們完成了銷售過程的前半部，是什麼了不起的成就；真正的銷售是從後半部才開始！這時，你們終於有機會捲起袖子，開始著手處理問題，有機會搞清楚到底是什麼原因，阻擋潛在客戶前進，原因當然不是他們告訴你們的藉口；那種理由只是遮掩不確定性的障眼法！」

「而且，反對理由可能是這些理由當中的任何一種，」說著，我抓住白板的右邊，把白板翻過來，秀出十四種反對理由。」

「他們想考慮一下，或是給你回電，或是跟他們的太太談談，或是做一番研究，或是今年這個時候時機不好；不管他們告訴你們哪一個理由，基本上最後都相同，都是遮掩不確定性的障眼法！換句話說，潛在客戶仍然不夠確定、不能說好，這就表示你們還需要努力再推銷一番。」

我停住片刻，把白板翻回來，秀出我畫的直線銷售說服系統。

「實際的情形就是這樣，」我重複說：「每一個字、每一句話、你們問的每一個問題、你們用的每一種音調，每一樣東西，在你們心底應該都有相同的最後目的，就是盡量以人性化的方法，提高潛在客戶的確定性，以便你們到達終點時，潛在客戶極為確定，因此幾乎必須說好，這就是你們的目標。」

「事實上，你們可以把這件事當成目標導向的溝通，」我繼續說著，簡直就像這句話從我腦子裡蹦出來的當下，同步脫口而出。「從你們口中說出來的每一個字，都會灌進你們唯一的目的裡，也就是在你們推著潛在客戶沿著直線，向完成交易的終點前進時，盡量把潛在客戶的確定程度，提高到最高水準。現在，我要把這一點畫在白板上，讓你們看看。」

「想像從一到十的確定性連續頻譜，」我信心十足說著，當我正要轉身在白板上寫字時，看到一位員工舉起手來，舉手的人是科頓・葛林（Colton Green）。

葛林那時才十八歲，是愛爾蘭後裔，長得頭好壯壯，還有著一個繼續長大的酒糟鼻，智商只比小白稍高，是笨蛋中的笨蛋！不過卻是可愛的笨蛋！

我展露陰沉的笑容，問道：「怎麼了？」

「連續頻譜是什麼東西？」他問。

其他員工發出嘲笑葛林的笑聲，我心想，這樣倒有點諷刺，因為我大部分的員工也都是小白。

但事實證明，小白和愚蠢之類通常妨礙成功的因素，在史崔頓公司的交易廳裡，很快都會變成完全無關的事情。

噢，我確實是在隨後幾小時教導手下時，發明了直線銷售說服系統，這種系統輕鬆地從我心中湧現，每一個突破都為下一個突破預做準備。我覺得自己幾乎是從某個地方，把資訊傳達出來，那個地方儲藏了無盡的知識和智慧，不管我的問題多複雜，那裡都準備了答案，等著我去抓取。因此我痛快地盡量取用。

到了午夜，我已經架好整個系統的架構，創造出第一套直線銷售結構。直線銷售結構由八個不同的步驟構成，是引領潛在客戶走在直線上的簡單路線圖，告訴我的手下第一步要做什麼、第二步要做什麼、第三步要做什麼……一直做到最後的第八步，這時潛在客戶不是說好，找你開立帳戶，就是困在他原來當成障眼法的反對理由中，這時你就結束這次電話拜訪，開始聯繫下一個潛在客戶。

大約一個月後，因為更深層的系統層次繼續從腦海裡湧現出來，我另外增加了兩個步驟，然後在很多年後，我創造第二版的直線銷售說服系統時，把步驟增加到十四個，還開始在世界各地教導這種系統。

不過，令人驚異的是，核心直線結構和那個星期二晚上我剛剛想出來的樣子，幾乎完全相同，看到隔天早上的情形，我覺得這一點很有道理。那天是我手下破天荒第一次利用直線銷售說服系統打電話，如果不是我親眼所見，一定不會相信。

幾乎從他們開始撥電話時起，整個辦公室就出現規模空前的開立帳戶浪潮，以至於在頭九十天裡，他們都變成了百萬美元營業員。

但這還只是開始而已。

成功的故事逐漸流傳後，營業員開始不請自來，出現在我門口。

到一九八九年底，史崔頓公司已經有兩百多位營業員，在長島成功湖畔公司新企業總部的巨大交易廳裡工作。

我每天兩次，站在快速擴張又極為年輕的史崔頓大軍前，灌輸他們直線銷售技巧和日常精神喊話。基本上，我可以藉著急劇改變他們的心態和技巧，說服我們公司的每一位新人，在入我門來時，拋棄過去受到的侮辱，放下自己的情感包袱，接受自己一旦進入交易廳，過去的一切全都已經拋在腦後的事實。

我一天又一天告訴他們，他們的過去不等於未來，除非他們選擇留在過去。我告訴他們，如果他們徹底擁抱直線銷售說服系統，那麼他們只要拿起電話，說出我教授他們的話，就可能變得像美國最有權力的執行長一樣強而有力。

而且我告訴他們，要這樣設想。

我說：「設想你是個有錢人，已經很富有，那麼你就會變成有錢人。設想你的信心無人可比，你就會變得信心十足。設想你已經掌握了所有的答案，答案就會跑到你身上！」

我告訴他們，設想自己的成功是不可避免的結局——他們現在該接受自己真的很行的事實了，他們很行的事實一直存在，渴望脫穎而出，卻一直遭到埋沒，因為社會為了壓制他們，希望他們甘於平庸和平凡，在他們身上倒了無數層的侮辱和鬼話，把他們埋沒了。

雖然他們心中的這種想法還很鮮明，我還是照樣啟動我的轉型計畫，我會對他們極為坦誠，會把重點放在技術訓練無比重要的事實上，會告訴他們：「別人說你的一些壞話，其實可能都是真的，或許你父母、師長、過去的老闆和女友——說你的事情全都可能很對，或許你沒有這麼特別，對吧？」

「或許你天生就很平凡：沒有這麼聰明、不很會說話、動機不特別強烈；念小學時常常睡懶覺，念中學時常常作弊，你沒有上大學，因此你可能曾經胸懷大志，實際上卻沒有能力達成目標，你缺少打天下和打敗別人所需要的技巧！」

「你現在要誠實對我說，你們當中，有多少人偶爾會有這種感覺？不常有，但是偶爾會有，就像你晚上躺在床上，獨自一人思考時，恐懼和陰影會跑出來，在你身邊竊竊私語，啃食你的自信和自尊，對吧？如果你偶爾會有這種感覺，請你把手舉起來。」

他們反響極快，每個人的手都舉了起來。

「一點都沒錯，」我繼續說：「大部分人都有這種感覺，而且實際上，大部分人都有權利去感受這種感覺……因為他們都不特別！他們沒有特殊技術、才華或能力，不能變成與眾不同，他們沒有長處、沒有優勢，不能出人頭地，他們沒有可以利用的致富長才。」

「還有，我順便要說，雖然我討厭這樣說，但是在這個交易廳裡，幾乎每個人都是這樣。」然後我迅速加上最有力的一句話。

「或者應該說，至少原來是這樣子。」

「我不知道你們確實聽懂了沒，所以我要說得一清二楚：和你第一天走進交易大廳時相比，你已經變得不一樣了。事實上，你現在甚至不很像原來的樣子！直線銷售說服系統改變了你！把你的效率無限提升，提升到你一輩子都從來沒有達到過的程度——因為你現在擁有的技巧，跟世界上大部分人不同，你有能力完成交易，有最高水準的影響力和說服力，水準高到可以跟任何人完成交易。」

「因為你以前沒有這種技巧，你過去碰到的壞事，對你的未來絕對沒有影響。你們了解這一點嗎？看得出其中的力量嗎？你們知道你們每個人都已經改造自己，把自己變成像具有天生神力一樣嗎？你們已經變成能夠創造自己未來的願景，然後走出去達成願景的人。事實很簡單，要創造財富和成就，唯一最重要的事情是完成交易的能力，沒有比這更重要的東西了，你們其實都擁有這種最高層次的技巧。如果你們認為：這些鬼話、甚至這些誇大其詞的吹牛，都是我編造出來的，那你可以去問任何有錢人，他們立刻會告訴你，如果沒有完成交易的能力，想賺錢真的很難；一旦你有了這種能力，那麼，一切的一切都會變得很容易。」

「事實上，我可以在這個大廳裡，隨便指著來這裡超過幾個月的某個人，他會告訴你一些荒唐到外面沒有人會相信的成功故事，原因就在這裡，因為他們的成功極為不可思議，以至於連他們自己都沒有信心……」我會一天兩次，一次在上午開盤前，一次在下午收盤後，每天持續不斷，把技巧訓練和精神喊話結合在一起，灌輸到員工的腦海裡，隨著每一天過去，成功的故事變得愈來愈讓人難以相信。

到第一年結束時，頂尖業務員每個月賺的錢超過二十五萬美元，而且他們的成功幾乎好像會傳染，連每月平均所得都攀升到十萬美元，離職率大致上等於零。換句話說，要是你進得了交易廳，保證你幾乎一定會成功。你只需要迅速看看四周，不管你看哪一個方向，看到的都是極為成功的景象。

對新進儲訓人員來說，這樣遠遠足以粉碎他們對直線銷售說服系統威力和效用的懷疑。事實上，我教了幾個月後，設計了一種公式化的訓練課程，這種課程極為容易遵照辦理，幾乎可以說是萬無一失。

直線銷售說服系統的五個核心要素

這種系統的心臟是五個核心要素，直到今天，這些因素跟我第一天創造時的樣子完全相同，是整個系統的骨幹。

你可能已經猜到，我談過頭三個至為重要、叫做三個十分量表的要素：

1. **潛在客戶必須喜愛你的產品**。
2. **潛在客戶必須信任你、跟你建立關係**。
3. **潛在客戶必須信任你們公司、跟你們公司建立關係**。

基本上，你推著潛在客戶沿著直線前進時，你說的一切都應該經過特別設計，目的是要潛在客戶對三大要素中的至少一項，能夠提高確定性水準——終極目標是讓他們在所有十分量表上，盡量推進到接近十分的地方，這時你會要求他們下訂，希望完成交易。

雖然如此，你必須記住，這種過程不會突然發生。事實上，在絕大多數的銷售案中，你至少必須要求潛在客戶下訂兩、三次，潛在客戶才會點頭說好。

你結束主要的銷售說明時，就來到直線銷售上第一次要求潛在客戶下訂、並且等待他回答的地方，然後，銷售的後半部會從這裡開始，當潛在客戶對你丟出第一個反對理由，會激發這樣的時刻。另一方面，這個時刻是你在銷售過程中，知道是否可能完成垂手可得、潛在客戶就這樣點頭說好，讓你不必處理任何反對理由，就可以結束交易的完美時刻。

但是，前面我說過，這種垂手可得的交易很少、很罕見，潛在客戶通常都會丟給你至少一、兩個反對理由，而且通常會丟出三、四個反對理由。

潛在客戶需要高水準的確定性才會行動

但是，無論如何，因為這些反對理由其實都是障眼法，目的是要掩飾不確定性，業務人員必須做好準備，不但要用能夠讓客戶滿意的方式答覆，還要從初步說明結束的地方開始，推動後續說明，目標是要進一步提高潛在客戶在三個十分量表上的確定性水準，終極目標則是要在理性和感性兩方面，盡可能的把潛在客戶，推向「三個十分」的境界，這樣業務員可以得到完成交易的最大機會。我們用來達成這個目標的技巧叫做**循環**（looping）。

循環是處理反對理由的簡單策略，十分有效，可以讓業務員應付任何個別反對理由，當成進一步提高潛在客戶確定性水準的機會，然後無縫轉換到完成交易，卻不會破壞雙方的融洽關係。

從很多方面來說，循環的藝術是直線銷售說服系統（至少是後半部）所謂的「**祕密醬汁**」，因為循環藝術可以讓業務員逐步提高潛在客戶的確定性水準，而不是一下子突然提高。

換句話說，每一個反對理由都會創造動用循環技巧的機會；每一次循環都會進一步提高潛在客戶的確定性水準，而且每一次循環結束時，潛在客戶都會發現自己極為深入直線銷售程序中，極為接近交易的終點。

循環雖然是很簡單的程序，卻有一種特定的情境會一再出現，除非業務員做好準備，否則通常會暴怒發狂。

這種情境大都在你完成兩、三次循環後出現，這時，你已經把潛在客戶的確定性水準，提高到他們絕對確定之至、到了你可以從他們的聲調和言語中聽出來的程度。

簡單講，潛在客戶已經透過言語、聲調、甚至面對面接觸中的肢體語言，極為清楚地告訴你，他們在三個十分量表上都絕對確定；卻為了某些無法解釋的理由，仍然沒有購買。

這種情形其實有一個非常合乎邏輯的原因，跟影響每一次銷售過程的無形力量有關，還決定潛在客戶最後答應購買前，業務員必須引領潛在客戶多深入銷售過程中的程度；換句話說，這種情形代表潛在客戶說好前，整體確定性應該升到多高的水準？

總之，到了最後，並非所有的潛在客戶都生而平等，有些潛在客戶你很難對他銷售，有些潛在客戶很容易銷售，還有一些潛在客戶站在中間，既不難銷售，也不容易銷售。你深入了解真相後會發現，這些潛在買主會各不相同，原因在於他們對購買、對一般決策、對信任別人、尤其是信任向他們推銷東西的人，所抱持的個人信念的總和。

所有這些信念、加上形成這些信念的所有經驗加總起來，就形成了一個明確的「確定性門檻」，潛在客戶必須跨過這道門檻，買起東西來，才會覺得夠安心。

我們把這種確定性水準，稱為個人的「**行動門檻**」，這種門檻構成直線銷售說服系統的**第四個核心要素**。我們根據定義，說很容易銷售的人行動門檻較低，說很難銷售的人行動門檻很高。

這樣太好了，但是，這種觀念會變成至為重要的因素，攸關銷售成敗，原因起源於我的一項重大發現——**潛在客戶的行動門檻具有可塑性，並非固定不變**。事實證明，這項發現是讓幾乎沒有天生銷售能力的人，能夠像天生業務員一樣完成交易的關鍵。

說得實際一點，這種觀念的影響力十分驚人，因為如果你能夠降低別人的行動門檻，你就可以把最難銷售的人變成容易銷售的買家——這是我們在銷售過程後半部特別努力做的事情，我們也因此奠定了能夠跟任何人完成交易的基礎。

然而，你實際銷售時，會碰到一些特別難搞定的客戶。我說的是即使你已經盡量提高他們的確定性水準、降低他們的行動門檻，但是你再度要求他們下訂時，仍然不肯購買的人。

因此，為了對付這種超難搞定的死硬派，我們現在要動用直線銷售說服系統中的第五個核心要素：**痛苦門檻**。

你很清楚，到了最後，痛苦是所有動機因素中最有力的一種，能夠促使大家擺脫他們認定的痛苦來源，尋找他們認為可以化解痛苦的東西。基本上，痛苦會讓人產生急迫性，急迫性卻是搞定這種比較難以完成交易的靈丹妙藥。

因此，對你來說，花時間準確發掘潛在客戶有什麼痛苦、了解痛苦從何而來，是絕對重要的事情。一旦你掌握了這種資訊，你就可以把你的產品定位為能夠解除他們痛苦的良方，然後用口頭描述他們的未來狀況，顯示他們利用你的產品後，感覺會好多了，因為你的產品會消除他們的所有痛苦，讓他們再度覺得歡愉喜樂。

此外，如果我們把這個有力的動機因素，留到最後才動用，我們就可以進行最後衝刺，創造剛好夠用的痛苦，指引需要我們的產品、又能從中得到真正好處的潛在客戶，穿越行動門檻，下定決心購買。

因此，你現在掌握了下列原則：

直線銷售說服系統的五大核心要素

1. **潛在客戶必須喜愛你的產品。**
2. **潛在客戶必須信任你、跟你建立關係。**
3. **潛在客戶必須信任你們公司，跟你們公司建立關係。**
4. **降低行動門檻。**
5. **提高痛苦門檻。**

每個核心要素除了為隨後的一切事情鋪下坦途之外，也各自有本身獨特的目的。

我解釋這種過程時，最喜歡拿電影《偷天換日》中保險箱大盜的竊盜做法，做為比喻。如果你沒有看過這部電影，下面我要簡單介紹其中的情節：

唐納．蘇德蘭（Donald Sutherland）飾演一位老牌的保險箱大盜，他行竊時，會把耳朵附在保險箱號碼鎖的轉盤上，聽鎖中的每一聲滴答聲，聽到第一聲滴答聲後，他會把轉盤向反方向旋轉，等待下一聲滴答聲，然後是再下一個滴答聲……最後，他聽到號碼鎖中每一個號碼的滴答聲後，他會試著把把手往下壓，打開保險箱——哇！——如果他正確聽出每一個號碼，保險箱就會打開。

換句話說，你推著潛在客戶沿著直線銷售路線走時，做的正是這種事。基本上，**你是在破解潛在客戶購物號碼鎖的密碼**，而且每一次都用同樣的方式進行。

潛在客戶在做購買決定時，我們只知道人腦的「保險箱」號碼鎖中，密碼有五個數字，如此而已！

第一個數字是潛在客戶對你所推銷產品的確定性水準，第二個數字是他們對你的確定性水準，第三個數字是他們對你們公司的確定性水準，第四個數字是要對付他們的行動門檻，第五個數字是要對付他們的痛苦門檻。

全部任務就這樣：要破解五個基本數字。

我們該怎麼旋轉轉盤呢？這是後文要談的事情。關於這件事，我可以公平地說，本書基本上是破解人腦保險箱密碼鎖的常用手冊。

本書能夠破解買方的所有密碼鎖嗎？

不能，不能破解所有的密碼鎖，但這樣反而是好事。

畢竟，你不可能跟每一個人都做成交易，至少無法每次都完成交易，你偶爾會基於倫理道德因素，不去做成某一筆交易。雖然如此，你相當精熟直線銷售說服系統後，就可以跟所有能夠交易的人做成交易。

換句話說，要是有人不跟你買東西，你會知道不是你什麼地方沒做好，你放棄一筆生意時不會說，「可惜喬登不在這裡，他跟他一定談得成！」

不過，直線銷售說服系統雖然威力無窮，要是少了一個至為重要的因素，還是得徹底投降，這個因素就是**你必須立刻掌控銷售過程**。

如果你不能掌控，你會像業餘拳擊手踏進拳擊場，跟拳王泰森（Mike Tyson）比賽一樣，幾秒鐘內，你就會遭到泰森的密集重拳痛擊，陷入徹底挨打的局面，到最後，一記重拳突破防線，把你擊倒。

但是從泰森的角度來看，因為他立刻掌控了大局，實際上從鈴聲響起，拳賽還沒開始時，他就已經以擊倒的方式，贏得這次拳賽了——就像上次、上上次和再前面一次的拳賽一樣。

換句話說，他藉著立刻掌控每一場拳賽的方式，可以把每一次賽事變成一模一樣，再緩慢而明確地把對手逼到角落，切斷對手的所有脫逃路線，再痛擊對手身體，使對手變得軟弱，同時等待對手放下雙手；然後——砰的一聲！——揮出他計畫已久、實實在在的殺手重拳，擊倒對手。

在第一套和後續的每一套直線銷售結構中，立刻掌控銷售是整個系統的第一步，而且始終如此。

你到底該怎麼做的答案其實相當簡單，只是其中還有一個問題：

你只有四秒鐘的時間做這件事。

不然，你就再見了。

3 開場白頭四秒定勝負

基本上，我們必須接受人的一切是以恐懼為基礎的事實，我們不斷評估周遭環境，根據自己的認知，迅速做出決定。這樣安全嗎？附近有危險嗎？我們需要對什麼東西特別小心嗎？

這種迅速決定起源於我們還是穴居人的時代，而且天生深印在我們屬於爬蟲類時代的腦海中，當時如果我們看到什麼東西，我們必須立刻評估，決定應該留下來還是要逃走。一直到我們確定安全無虞時，才會開始思考留下來爭取可能的好處是否有理。

今天，我們仍然保有這種迅速決定的本能，涉及的利益當然已經少多了，因為通常我們不再每天面對生死攸關的狀況，但是，這種過程發生的速度仍然一樣快。事實上，如果是講電話，這種過程會在四秒鐘內發生；如果是當面接觸，只要經過四分之一秒就會發生。腦子的反應速度就是這麼快。

你試著想一想：你和潛在客戶見面時，潛在客戶只花四分之一秒的時間，就會對你做出初步決定。我們知道這一點，是因為科學家做過實驗，把人跟某種核磁共振造影機器連結，顯示腦部處理資訊時如何運作。下面就是科學家對受測者閃現某人相片時的情況：首先，受測者的視覺皮質幾乎立刻亮起來，四分之一秒後，腦部判斷中心所在的前額葉跟著亮起來，並且做出決定，發生的速度就是這麼快。

打電話給潛在客戶時，你會有稍微長一點的時間、會有四秒鐘時間，可以形成某種印象。

不過，要說清楚的是，即使你們是當面接觸，仍然需要經過四秒，才會做成最後判斷，差別在於當面接觸時，這種過程比較快開始——幾乎在潛在客戶第一眼看到你時就開始了。但無論是當面接觸，還是電話拜訪，如果你希望別人正確看待你，你都必須在接觸的頭四秒內，展現三件事情：

1. **人很精明**
2. **熱心之至**

3. 是業界專家

你絕對必須表現這三點，否則就會陷入艱苦奮鬥。

如果你搞砸了頭四秒鐘，你頂多還有十秒鐘可以補救，超過了十秒，你已經徹底完蛋，大致落入敗部，不能影響任何人。

這時你可能會問，「喬登，大家不是都說不要以貌取人嗎？這點你怎麼說？」

我父母深信這一點，我的中小學老師也一樣。

但是你知道嗎？

他們都以貌取人，我也一樣、你也一樣。大家都以貌取人，這一點基本上天生深植在我們的腦海裡，不只美國人這樣，澳洲人也這樣，中國人、巴西人、義大利人都一樣，這是人性，放諸四海都是這樣，跨越所有文化界限。

關鍵是你有四秒鐘時間，然後別人就會把你撕開、分割成很多塊，針對每一塊下判斷，再根據他們對你的看法，把你拼湊回來。如果潛在客戶的心裡，對你沒有牢牢印下剛剛提到的三點印象——你很精明、熱心之至、是業界行家，那麼你大致上就沒有機會跟他們交易。

為什麼會這樣？

你想一想：你真的希望跟新手做生意嗎？你買車、買股票或買電腦時，希望得到什麼人的指引，新手還是行家？當然是行家！

事實上，我們才這麼大時，就受到制約，知道要找專家幫忙解決我們的問題、消除我們的痛苦。我們生病時，父母會帶我們去看名叫醫生的專業人士，他們穿著白袍，脖子上掛著聽診器；起初，連父母都對這個人言聽計從的現象，讓我們感覺震驚，後來父母才告訴我們原因，說這種人經過無數年的學習，學會能夠讓病人感覺舒服的一切功夫，他們甚至學會怎麼穿著、怎麼行動、怎麼談話，才能讓大家一瞥之下，就對他們產生信心，以至於你光是看到他們，就會覺得比較舒服。這種人已經贏得當醫師的權利，因為他們在自己的領域中是真正的專家。

這件事當然只是我們接受制約的開始，我們成長時，專家會繼續發揮影響力。

如果我們的功課跟不上別人，父母可能替我們找家教；如果我們想精通某種運動，父母會替我們請教練。我們長大後，會接續父母的教導，直到今天，我們仍然繼續尋找專家，也教導子女這樣做。

你想一想。

奧斯卡金像獎頒獎日，史嘉蕾．喬韓森（Scarlett Johansson）想做頭髮，你想她會找滿臉面皰、剛從美容學校畢業的小伙子，還是找世界最頂尖、二十年來把很多明星變得美麗非凡的造型師？

你覺得高球好手喬丹．史畢斯（Jordan Spieth）和傑森．戴伊（Jason Day）陷入低潮時，會找本地公共球場的專家，還是會找世界聞名、曾經著書立說、跟其他著名職業球員至少合作過二十年的揮桿顧問呢？

事實很簡單，我們全都希望跟專家打交道，我們也希望跟精明能幹、對自己的工作熱心的人打交道。實際上，專家的談話方式會讓人尊敬，他們會說：「你聽我說，這件事你必須信任我，我做這一行十五年了，十分清楚你需要什麼」之類的話。

相反的，新手說的話不明確多了，他們對產品和本行比較深入的微妙細節不夠了解，他們推動潛在客戶，沿著銷售直線進一步深入，進入循環階段時，這種情形會愈來愈明顯，這時他們會被迫「自由發揮」，也就是被迫脫離事先寫好的腳本，拚命胡編亂造，希望把潛在客戶的確定性水準推升到超越潛在客戶的行動門檻，好跟他們買東西。

我現在說的重點是：別人對你的認知，會延續到銷售過程的每一個部分，如果你搞砸了，給人的第一印象不好，那麼你大致上不會有機會完成交易。

有趣的是，我第一次這樣說時，是將近三十年前、我發明直線銷售說服系統的那個星期二晚上。那天晚上，我告訴手下的業務員，他們恰好有四秒鐘的時間，可以投射重要之至的第一印象。

但是，事實證明我錯了。

二〇一三年，哈佛大學一位教授就這個一模一樣的主題——**第一印象的重要性**，發表了一篇研究報告，發現潛在客戶其實不是在四秒內做出最初的判斷，而是在五秒內做出這種判斷，因此我必須為差了一秒，向大家道歉。

道歉之外，這項研究也發現，如果你給人的第一印象不好，你後來必須給人八次好印象，才能打銷第一次的不好印象。坦白說，我不知道你會怎麼說，但是根據我多年做業務、銷售各式各樣產品的經驗，我想不出有哪一行，能夠讓我在搞砸第一次會晤後，還有八次機會重新來過，根本沒有這種事情。

這就是為什麼大家絕對必須在談話的頭四秒鐘內，建立我所說三大要素的原因，每一次都是這樣，否則的話，你就再見了。

首先，你必須很精明。如果別人認為你不精明，你就是在浪費他們的時間，你必須表現出極為高明、天生是解決問題高手的樣子，讓別人覺得因為你可以幫忙他們達成目標，所以聽你說話一定值得。基本上，你的一言一行，都必須像能夠幫忙潛在客戶滿足需要和願望的樣子，要表現這種樣子，你可以靠著展示思慮敏捷、決策快速、與眾不同的說話速度，讓潛在客戶立刻怦然心動，建立信心。

然而，想要創造持久的成就，你必須變成「你這一行的專家」，這樣你才確實知道自己在說什麼。換句話說，你不能光是坐而言，還必須能夠起而行。因此，你忙於「假設如何如何」時，也必須以飛快的速度，學習你所屬行業和所銷售產品的一切，變成真正的專家。

其次，你必須熱心之至，這樣你會發出潛意識的訊息給潛在客戶，告訴他們你可以提供他們非常好的東西。你必須表現出樂觀、熱心、精力充沛、對他們的生活會有正面影響的樣子。我吃足苦頭才學到的教訓是，光是因為你可以把什麼東西賣給別人，不表示你應該這樣做。

今天我強烈相信銷售是光榮的行業，我只想在堅定不移、真心相信我要賣給潛在客戶的產品或服務確實很有價值時，才會推銷。我推銷產品或服務前，必須真心相信這種價值觀，然後才能熱誠地說明我要銷售的東西。我也必須堅決相信我所代表的公司和產品，這樣我才可以在任何銷售狀況中，熱情地揮灑自如。

第三，你必須是業界專家、是值得重視的權威人物和力量。大家從會走路開始，就學會尊敬權威人物、聽權威人物的話。我從事銷售時，會從一開始，就以本行中世界級專家的樣子出現，努力說服潛在客戶，讓他們認為我是能力高強、知識超級豐富的專業人士。這樣不但可以立刻得到潛在客戶的尊敬，也可以促使他們順從我的意思，把銷售控制權大致上交給我。

為了顯示這種權威性，我會把服務或產品的特性，轉變成對潛在客戶的好處和價值，同時利用我花時間簡化過的業界術語，讓潛在客戶了解看來非常複雜的說法。在銷售談話期間，我也會端出豐富的知識，展現對市場、產業、產品、潛在客戶和競爭對手的深入了解，提供潛在客戶獨一無二的價值。

請記住，業務新手最大的錯誤觀念是：覺得自己必須等待一段時間後，才可以標榜自己是專家，這些都是鬼話！你必須從一開始就做出這樣「假設」，同時盡快教育自己，縮小知識差距。

讓對方知道聽你說話確實有價值

如果你立刻確立這三件事，這三件事會整個動起來，在潛在客戶心目中，變成一種簡單的事實，就是聽你說話很值得。換句話說，他們在忙碌之餘，抽空聽你談話很有道理，因為像你這樣精明、熱心、又具有專業水準的人，會：

1. **快速切入重點**
2. **不會浪費他們的時間**
3. **可以解決他們的問題**
4. **變成他們的長期資產**

此外，一旦潛在客戶對你得出這種正面的結論，他們的腦子裡立刻會把你的價值推衍到合理的結果中，就是認為：

你可以協助他們達成目標。

你可以協助他們，得到他們在生活中想要的東西。

這種東西可能是他們希望得到滿足的核心需要；可能是簡單的願望；可能是希望掌控他們生活中的某個層面；也可能是最高水準的需要——消除他們感受到的痛苦。

又因為人腦天生極為善於應付這種狀況，潛在客戶只要花不到四秒鐘時間，就可以把你分成好幾個部分，針對每個部分進行分析，然後根據他們對你的看法，把你重新拼裝回來。

如果潛在客戶對你的看法很好，認為你很精明、熱心之至、又是這一行的專家，那麼他們會聽你的話，讓你掌控銷售過程。

如果他們對你的看法不好，認為你像洗碗水一樣沉悶，人很無趣，又討人厭，還是絕對的新手，那麼相反的情況就會發生，潛在客戶會取得控制權，你就面臨了成敗關鍵時刻。

雖然如此，我希望清楚說明的一點是，我不贊成你變成喋喋不休、害潛在客戶只能坐著聽你囉嗦的人。

我說「掌控銷售過程」時，你可能想到我剛剛說的話，但是我跟你保證，我不是這種意思。我的意思是，你要稍微考慮一下，你是否非常討厭聽業務人員說個不停，卻根本不讓你說話呢？

這樣會讓我想奪門而逃！

直線銷售說服系統同樣重視聽話專家和說話專家，原因就在這裡。

不過，要變成真正的聽話專家，你首先必須學會如何立刻掌控銷售過程，除此以外別無他法。

問題是**怎麼掌控**？這個問題價值百萬美元。

4 如何善用你的聲調和肢體語言

我們現在切入核心，講講怎麼展開基本動作。

你要怎樣在開始談話的頭四秒鐘內，說服潛在客戶，讓他相信你很精明、熱心之至、又是這一行的專家？

這個問題我要更進一步探討。

因為現在大部分溝通都是靠講電話，你要怎麼確保潛在客戶在看不到你的情況下，對你產生正面看法？

是靠你說的話嗎？

想一想，你可以說什麼話，設法在頭四秒鐘內，把這一切傳達過去？實際上，你幾乎必須對著潛在客戶大喊，「喂，李四，聽我說！我很精明！很熱心！我是這一行的專家！我發誓、我發誓、我發誓……」你這樣說，聽起來就像是白痴怪胎！姑且不說這一點，即使這一切全都是事實，又有誰會相信你。

事實很簡單，正確的言語根本不存在，沒有什麼言語深奧、祕密到可以潛入潛在客戶腦中的理性中心，創造出直接進入他們直覺中的情緒反應；然而，直覺卻是潛在客戶在一剎那間，形成第一印象的地方，而且第一印象會引導他們的決策，除非你能證明他們的第一印象不對。

因此，如果言語行不通，那你要依靠什麼？

答案很簡單：依靠你的聲調。

說得具體一點，你說話的方式對別人怎麼看待你的話、進而怎麼看待你，具有深遠的影響，不只是在至為重要的頭四秒而已，在整個談話過程中也一樣。

我們的耳朵經過幾百萬年的進化後，已經變成極為善於辨認聲調的轉變，以至於連最微小的聲調變化，對字詞的意義都有重大影響。例如，我小時候做了什麼壞事時，我媽會嚴厲、正經地說：「**喬登！**」她不必多說什麼，我立刻知道自己麻煩大了。相反的，如果她用平和的聲調說：「**喬—登！**」我立刻知道一切都很好。

另一方面，在當面接觸的銷售過程中，第二種溝通方式會發揮作用，會配合聲調，幫忙我們交換意見。

我們把第二種溝通方式叫做肢體語言。我們談話、聽話、交換意見時，聲調和肢體語言扮演重要的角色，是名叫潛意識溝通這種有力備至的溝通策略中的兩大關鍵。

基本上，你的聲調、身體的動作方式、臉部表情、笑容、目視接觸方式、和你聽話時友善的咕噥和抱怨，如嗯嗯啊啊、是是是的話語，都是人際溝通中不可或缺的一環，對別人怎麼看待我們，具有重大影響。

用百分比來算，聲調和肢體語言大約合占我們整體溝通的九〇％，兩者平均各占一半，各有四五％的影響力，比率多少，要看你相信哪一種研究報告而定（這種研究多到你算不完）。剩下的一〇％溝通由我們的言語構成，也就是由我們實際說的話構成。

不錯，言語只占百分之十而已。

噢，我知道你現在大概在想什麼。

你正在想，從衡量語言重要性的角度來看，百分之十聽起來實在太低，別人想賣東西給你時尤其如此。事實上，如果你回想上次別人向你推銷的時候，那麼我敢說，你一定記得自己注意聽那位業務員說的每一個字，判斷每一個字的意義，就像你的邏輯思維幾乎保持高度警覺，根據那位業務員言語中的邏輯論證，決定哪種水準的理性確定性最適當一樣。

人際溝通要素

聲調（45％）＋
肢體語言（45％）
＝90％
文字（10％）

因此，我確實了解：我們非常難以相信我們的言語沒有這麼重要。

但是諷刺的地方就在這裡：

其實你誤會我話中的意思了！

雖然言語在溝通中所占的比率只有百分之十，其實並非不重要；言語反而是我們溝通策略中最重要的一環，但是只有在——其中的假設意味很濃——我們最後開口說話時才重要。換句話說，其實我們有百分之九十的時間，不是靠說話來溝通！

但是，我走進電訪間或實地觀察業務員時，發現除了一、兩位天生具有完美聲調和肢體語言的人之外，其他人全都錯失重點。因此，別人會認為，他們的專業水準根本不夠，甚至不足以促使潛在客戶交出銷售過程的主導權，接受這些業務員的指引。

就像這樣，銷售業務從一開始，就遭到不經意的自我破壞過程傷害，失去控制權也只是時間問題而已。

但比這一點更諷刺的地方是，構成直線銷售說服系統的所有戰術和策略中，聲調和肢體語言是其中最容易精通的東西。

人類用來溝通的聲調總共有二十九種，其中只有十種具有強大的影響力，意思是我們一再運用這十種聲調，去影響和說服別人。同樣的，直線銷售說服系統整理過構成肢體語言的無數手勢、姿態和臉部表情，找出十種核心原則。

現在如果有人自言自語地說：「原來如此，我知道其中一定有問題！喬登把所有的事情都說得這麼容易，害我現在才發現，必須學習二十種東西，我要怎麼學呢？我已經不是小孩；我是大人！大人根本學不會十種新聲調和十條新的肢體語言原則！這樣太離譜了！」

我希望我這樣說，至少是把你的想法稍微誇大了一點，但是，不管怎麼說，只要你有一丁點這種感覺，我就要跟你分享兩種重要的想法。

第一、我下面的說法純粹是出於好意：

你少說廢話了！你應該拋棄自己的想法，開始過你該過的生活，你可以學會你想學的任何東西，你只是需要一種逐步前進、又容易學習的策略引導你，直線銷售說服系統正是這種東西。

事實上，直線銷售真正的優點是：即使只接受過一點點訓練，能力水準還很低落時，你仍舊可以創造令人驚異的好成績。

成績多好要看一些變數而定，變數包括你屬於什麼產業、銷售循環期間的長短、你花多少時間學習這個系統，當然也包括你開始時的技巧水準——但是短期內，大部分業務員的銷售額至少都會躍增五〇%以上，如果你完全是新手、所屬行業的銷售循環很短、又有很多百萬美元業務員，那麼你的成績會加倍。

在直線銷售的術語中，我們把這種事叫做**「夠好因素」**——意思是，即使你是初次投入業務員行列，精通直線銷售的程度只是普普通通而已，你仍然會得到很好的成績。

第二，不管你對必須學習這些「新」東西抱著什麼想法，實際上，你什麼都不必學，因為你已經知道你所必須知道的一切。

你不但完全知道這十種聲調、知道這十種肢體語言原則，而且這輩子已經運用過無數次，唯一的差別只是：你以前是自動或潛意識地在運用，從來沒有想過而已。

換句話說，你這輩子，曾經有無數次在自然的狀態下，根據當時的實際感覺，做出反應，運用其中的每一種聲調說話；在肢體語言上，也是這樣。

舉個例來說：

你這輩子，是否體驗過自己對什麼事情絕對確定之至，以至於確定的聲調從口中滔滔不絕發出來？就像你實際上可以感覺到每一個字都充滿確定性，凡是聽你說話的人，對你說的話百分之百相信，絕對沒有任何懷疑一樣。

你當然有過這種經驗！

我們都有過。

你有過把祕密告訴別人的經驗嗎？你這輩子，有多少次把聲音壓低到近乎耳語，好把祕密告訴別人的經驗？

這種事情我們全都做過上千次，因為我們憑著直覺，知道耳語會吸引別人，把人拉過來，強迫他們更注意聽。

進行銷售說明時，如果你在分毫不差的適當時刻裡，運用耳語，你會發現，耳語對潛在客戶的影響大得驚人，尤其是你耳語完後，隨即提高音調的話，更是如此。

這裡的關鍵是語調。

你希望降低聲音，然後再提高聲音；你希望加快速度，然後再慢下來；你希望宣示一番，然後再改成質問問題；你希望把一些字眼集中在一起說出來，然後再斷斷續續說出其他字眼。

例如，我們回頭談談耳語，但是我們要在耳語中，加入一些嗯嗯啊啊的聲音，現在耳語就會變成從你心窩裡發出來的強力耳語（用右掌快速拍拍你的心窩肌，我說心窩時，指的就是那裡），從心窩裡發出耳語來，會讓人覺得你說的話特別重要，而且是真心話。

這樣就像你對潛在客戶說：「老朋友，聽我說，這一點特別重要，是我確確實實相信的東西，所以你必須非常注意聽。」

實際上，你當然不會這樣說，這些話卻會在無意識之間，以直覺的形式，烙印在潛在客戶心中，促使他們移動到感性水準上，而不是移動到理性水準上，你看出其中的意義了嗎？

這種情形的另一個好例子是怎麼利用熱心，在潛在客戶身上，激發大量的感性確定性，讓潛在客戶產生不管你賣什麼產品，都一定非常好的壓倒性感覺。

說明白一點，我說的不是瘋狂、過火的熱心，不是又吼又叫、手舞足蹈，一直誇稱你的產品有多好的銷售法。這樣做不但非常離譜，也是讓潛在客戶奪門而逃最簡單的方法。

我說的是含蓄式的熱心，是淺淺地藏在表面下，在你說話時實際上會冒泡的熱心；是用絕對清晰、強調的聲調、字字有力的方式，闡明你的意思。這樣就像你緊握著拳頭說話，你內心的活火山隨時準備噴發一樣，但是活火山當然不會噴發，因為你是專家，可以徹底掌控一切。

這種含蓄式的熱心對別人的情緒會有強烈影響，是聽起來像專家的特徵之一。但是你隨時要記得，不能保持相同的聲調太久，否則潛在客戶會厭煩，用科學的說法來說，就是潛在客戶會習慣，最後會充耳不聞。

因此，我會不斷利用我的聲調和肢體語言，確保這種事情不會發生。充耳不聞的事情不會隨機發生，而是取決於潛在客戶會不會主動、會不會有意識的思考你的話值不值得聽。潛在客戶會問自己：這個人能夠幫我達成目標嗎？可以幫助我得到我想要的東西

融洽

有意識和潛意識的融洽關係水準

嗎？可以消除我的痛苦嗎？

如果答案是不能，他們就會充耳不聞；如果答案是可以，他們就會聽你的話。

這就是為什麼你從一開始，就絕對必須表現出很精明、極為熱心、是業界專家的原因。如果你表現出這種樣子，潛在客戶不但會注意聽你說的每一個字，還會讓你控制銷售過程，讓你推著他們沿著銷售直線前進。

在現實世界裡，你要怎麼運用這種做法呢？你會發現，你只要稍加練習，就可以無意識的、自動在需要發揮影響力的情況中，運用正確的聲調和肢體語言。但是在達到這種境界前，你必須特別注意，必須刻意在每一個字、每一句話的轉折上，運用正確的聲調和肢體語言。這樣才可以確保潛在客戶穩穩地留在你的磁力範圍內，不會充耳不聞。

進入下一章前，我希望探討意識和潛意識關係中一些重要的微妙差別，明白地說，就是探討意識和潛意識如何配合，引導潛在客戶的所有決定，尤其是開頭最重要幾秒鐘和銷售結束時的狀況，因為開頭幾秒鐘裡，你能否繞過他們的意識，直接向他們的潛意識訴求，會決定你能否主導銷售過程；也決定銷售結束時，你能否同時對潛在客戶的意識和潛意識訴求，讓最難纏的客戶都能在你的推動下，跨越行動門檻，在直線銷售量表上升到最高水準，跟你**完成交易**。

因此，我首先要消除跟這兩種心靈有關的最大迷思，也就是消除意識的力量比潛意識大的觀念。

再也沒有更背離事實的說法了。

你的潛意識心靈的力量，大約比意識心靈的力量強大兩億倍，而且潛意識心靈運作速度飛快，儲存能力近乎沒有限制，是讓你在世上活命的關鍵，潛意識全天候運作，控制你所有的自律神經系統——規範你的心跳、血壓、呼吸、消化、荷爾蒙分泌，以及你體內似乎會自行輕鬆運作、不需要你多慮的每一種系統。

一般說來，潛意識的主要目的是保持一切如常，用科學術語來說，是保持內部平衡狀態。你的體重、血糖水準、血液含糖量和含氧量、射進視網膜的光線數量等等；所有這些事情和無數其他事情，一直持續不斷的在調整，以便維持百萬年進化決定的某種固定水準。

相反的，你的意識卻在你繼續過日子、設法理解一切時，迫切渴望獲得處理能力。因此意識在任何時候，都只能注意到周遭環境的三、四%，同時剔除其他部分，好讓相當貧乏的處理能力，全部用在意識認為最重要的少數幾樣關鍵項目上，這些項目加總起來，代表有意識的認知，你會用邏輯和推理來分析這些東西。

例如，這一刻裡，你意識中的九五%，都放在你的主要焦點上，就是放在閱讀我寫的文字上，放在傾聽你內心為剛剛讀過的素材辯論時的獨白上。剩下的部分會放在次要焦點上，放在跟你很接近，以致五官不由自主接收的事情上，或放在太頻繁發生，導致意識麻木，無法阻絕的少數東西上，例如，背景中電視機刺耳的聲音、惡臭的味道、附近建築工地的敲打聲、別人的打呼聲、你鼻塞時的呼吸聲等等。

同時，潛意識會把意識排除掉的九六或九七%周遭世界，全都捕捉起來。潛意識不但負責規範身體的所有功能，也充當你所有記憶的中央儲藏庫。

基本上，你看到、聽到的一切，不管當時多麼微不足道，或你是否記得，都會在裡面存檔。你的潛意識會記錄經驗，拿來跟過去的類似經驗比較和對照，再拿結果來修正和增強你心裡的「世界地圖」，一般人所說的這種「世界地圖」，正是你內心做出快速決定、當下判斷和第一印象的氣壓計，也是你如何看待環境、相信你在這種環境裡應該如何運作、哪些行為落在你的舒適區內、哪些行為落在舒適區外的內部模型。

然後，為了協助你在地圖上航行，確保你的快速決定、當下判斷和第一印象符合你地圖中的信念，你的潛意識也會創造「行為型態」，讓你以流暢、優美、符合你對自己和世界所抱持的信念，不需要任何意識性思考的方式，立刻因應以前「出現過」的狀態。

基本上，透過這種歸納、繪製地圖、創造型態的三階段程序，你可以在不熟悉的環境中移動，卻不必像初次見到這一切事情一樣，處理你所看到的點點滴滴。

例如，你走到一扇奇怪的門前時，不必停下來，檢查每一樣細節，猜測旋轉小小的圓形門把手是否安全，雖然你從來沒有看過這扇門，潛意識裡卻經歷過這種狀況無數次，因此這扇門進入你視野的那一刻，潛意識立刻啟動，以近乎光速的速度，把這扇門跟你的地圖中標註「門」的地方比對，也跟在非戰鬥狀況下，安全進出這扇門的各種策略比對，同時潛意識中無需建立新資料。

這裡我顯然破格運用了自己的想像，但我的意思卻很精確：你的意識心靈不必停在每一扇沒有見過的門前，或駐足在人行道上的每一道裂縫前，或停在無數其他狀況前，以推斷一切，因為你的潛意識心靈會立刻啟動，讓意識心靈不必無事自擾。

事實上，從你意識心靈的角度來看，這些快速判斷和瞬間決定是以直覺為基礎，意識會配合直覺行動，直到事實證明直覺不對為止。

這種情形在銷售過程中經常發生，出現這種情形時，幾乎總是業務員說錯話或說了蠢話的結果。換句話說，潛在客戶對你的第一印象，雖然是你的潛意識溝通產生的結果，第一印象卻可能遭到你所選擇的若干字眼徹底破壞；這樣說很有道理，因為這些字眼是縝密邏輯推理的基礎，也是我們所做有意識決定的基礎。

然而，碰到縝密的感性狀況時，我們對以聲調和肢體語言表現出來的潛意識溝通，依賴程度遠遠超過我們對別人所說言語的依賴。

我們在電話上進行銷售接觸時，會用我們的十種核心聲調，激發潛在客戶的情感，附在情感上的言語會以合乎邏輯的方式，打動潛在客戶。在當面接觸的銷售過程中，我們也會用肢體語言，感動潛在客戶的情感，我們說的話會繼續從合乎邏輯的角度，推動他們前進。

因此，不論是當面接觸還是電話交談，你採用的策略和希望得到的結果最後總是相同：你會用言語影響潛在客戶的意識心靈，用聲調和肢體語言影響潛在客戶的潛意識心靈。前者的結果是合乎邏輯的縝密狀況，後者的結果是合乎感性的縝密狀況。你只需要知道什麼時候該說什麼話，什麼時候該用哪一種潛意識的溝通方式就夠了，事情就是這麼簡單、這麼直截了當。

至於你該說什麼話才能達成任務，我會在第十一章，讓你不費吹灰之力，學會用萬無一失的公式撰寫腳本，發揮在任何事業或產業中，創造驚人成就。

然而，雖然這個公式萬無一失，你是否能夠銷售成功，仍然取決於你即將進入銷售接觸時，能否催動自己內心中的一種重要情感狀態，再維持這種狀態到結束時為止。

我們把這種過程叫做狀態管理，**狀態管理是獲得成就的最重要因素之一**。

下一章要引領你走過記憶小巷，回到史崔頓公司初創時期，讓你見識狀態管理在銷售上的真正威力，然後提供你極為有效、極為好用的公式化策略，管理你自己的狀態。

5 如何管理好銷售狀態讓你獲得大成就

史崔頓公司失控前，公司交易廳真的非常引人注目，是最純粹的平等社會和精英社會，評斷個人時，完全看表現，不看學歷或家庭關係。一旦你進入交易廳，你是什麼人、在哪裡出生、過去犯過什麼錯誤，都會變得無關緊要，都可以拋在腦後。

基本上，直線銷售說服系統好像大神，會拉平一切，即使是淪落到最底層的人，都可以徹底改造自己，開啟新生活。

為了讓你知道直線銷售說服系統對這些小傢伙的影響有多大，我說超過半數的人踏進交易廳時，勉強只有一點點一心兩用的能力時，其實只有稍微誇大其詞而已。但是，六十天後，這些小傢伙會砰的一聲，徹底改變。

不管這種事情我看過多少次，都絕對不會沒注意到這種徹底改變，從他們的走路方式，到談話、穿衣、握手的方式，再到他們看別人的方式，一切的一切全都徹底改變，你幾乎可以感覺到他們滿滿的信心流露在外的樣子。

有人會不以為然地說：「我覺得這沒有什麼大不了，如果我二十幾歲時，你發我五萬美元的月薪，你要我怎麼變，我都會變給你看，我會改變走路、談話和穿衣的方式，必要時，我甚至會徹底改變！我的意思是，誰不會這樣做呢？」

如果你這樣想，其實我不能說你不對。畢竟你的說法是深思熟慮的明智說法，顯示你深深了解人性。可惜這樣不能改變你完全搞錯對象的事實！

實際上，我們的培訓時間長達半年，因此，我看到這種變化時，這些小傢伙還沒有開始賺大錢，還是培訓人員，身上一文不名！

因此，原因何在？這種徹底轉變從何而來？

事實上，重大變化背後的原因有好幾個，但是最主要的原因，是我教他們一種叫做**「設想未來」**的強力想像技巧。

簡單說，設想未來涉及你必須在腦海中，設想自己在看一部想像出來的電影，看到自己在未來已經達成某些目標。這樣做的結果是：你現在會體驗到伴隨著未來成就而來的積極感受，而不是要等幾年後達成目標時，才有這種感覺。

我在每天的訓練會議上，總是刻意提醒培訓人員，設想自己未來的成就很重要，我也會要求他們，在座位上放映含有積極意味的電影，讓他們看到自己將來發財後享受生活的樣子。我當然也用同樣的方式，告訴我最初的十二位員工**「像設想一樣行動」**，我會一而再、再而三地對交易廳的員工重複這種訊息。

我會說：「像你已經是有錢人那樣行動，你就會變成有錢人；像你有無比信心一樣行動，別人對你就會有信心；像你掌握所有答案一樣行動，答案就會跑到你身上。」

換句話說，我告訴他們，**他們不但要像有錢人一樣思考，還要像有錢人一樣行動，因為這樣會帶給他們正確心態**。

前面說過，這種技巧叫做**「狀態管理」**。

基本上，你管理自己的情感狀態時，是暫時排除所有負面思想或情感，讓你維持積極心態，以免負面的東西在正常狀況下，害你產生負面感覺。

狀態管理對功成名就這麼重要，原因是你目前的情感狀態會決定你是否能夠動用你當下的內心力量，創造你希望達成的結果。

你處在「確定」之類的上進狀態時，可以利用內心的力量，追求重大成就。相反的，你處在「墮落」狀態時，會無法動用內心的力量，你注定會碰到重大失敗。

這種情形很像閥門的運作方式。

上進狀態等於你內心力量的閥門全開，讓你隨意動用；墮落狀態等於閥門關閉，不管你多麼迫切需要，你都無法動用你的內心力量。

舉例來說，想像你擁有世界上最高明的銷售技巧。你精通直線銷售說服系統的每一個層面——從立刻掌控銷售過程，發揮世界一流的銷售循環型態，到完成交易。

但是假設你踏進潛在客戶的大門時，抱著絕對不確定的心態，請問你這時會是多好的業務員呢？

當然不很好！

你這時不能動用內心力量——這裡是指你的銷售技巧，因此，不管你原來多厲害，現在你根本不可能變得這麼厲害。

你的個人生活一樣如此。

假設你已經為人父母。

你顯然深愛你的小孩，還自豪是模範父母。事實上，你念過不少養兒育女的書籍，學到養育子女的策略和遠見，因此，你確實知道自己在做什麼。但是假設你辛苦工作一天回家，踏進家門時，滿懷怒火和不耐煩——這兩種都是非常墮落的狀態，請問當時你會變成很好的父母嗎？

當然不會很好！

怒火和不耐煩會阻止你動用教養子女的力量，因此，雖然你還是像平常一樣深愛子女，雖然你仍然掌握擔任模範父母的所有技巧，那一刻裡，你卻無法動用。

下面說的是基本關鍵：

身為業務員或成功導向的人，你必須學會如何激發重要的上進狀態，否則你會陷入一輩子的痛苦時光，這件事沒有第二條路可以走。

但是我在這裡要釐清的事情，是我並沒有說，你隨時都需要、都希望保持上進狀態，這樣做十分不通！

你只要想一下，就會知道：

你會怎麼形容整天抬頭挺胸、保持絕對確定狀態的人？

你會說這種人是大傻瓜，是人人討厭的人！

你一定不想變成這種人！

我不想深入探討這一點，但是在自我開發的世界裡，這一點的問題遠比你想像的大多了，在參加研討會、專門研究內心遊戲技巧的人身上，這個問題特別大。會出現這個問題，是因為你教大家這種技巧時，沒有連帶教導配合技巧、在現實世界中應用的方法，研討會學員幾乎一定都會得到錯誤的訊息。

這裡的重大差別是，一旦你學會激發上進狀態的技巧（我隨後會教你世界上最有力的這種技巧），你只會希望把這種技巧用在某些重要時刻中、用在最迫切需要的時候，例如，用在開始銷售接觸、設法完成交易、進入談判階段時，甚至用在個人生活中必須做出重大決定的時候。

事實上，在後面這種狀況中，你一定希望確保自己處在上進狀態中，因為人處在墮落狀態時，會做出最差的決定（處在上進狀態時，會做出最好的決定）。

要創造銷售成就，你必須學會狀態管理中的四大關鍵狀態，才能隨心所欲發揮銷售能力，我們把這些狀態叫做四大要素：

確定性、清晰度、信心和勇氣。

這些要素是功成財就的四大關鍵狀態。如果你沒有學會怎麼激發這些狀態，就是拿前途來賭俄羅斯輪盤，大致上是希望你開始進行銷售接觸時，會處在正確狀態中，而不是因為知道自己擁有萬無一失的銷售接觸策略，一定會處在這種狀態中。這種策略叫做**嗅覺錨定策略**（olfactory anchoring）。

將近十年前，我創造出嗅覺錨定這種東西，目的是為了因應自己的個人需要，以便在愈來愈奇怪的狀況下，立刻激發出上進狀態來。

事實上，我開始第一次環球演講之旅時，發現即使周遭環境經常對我極為不利，我還是必須維持上進狀態。

例如，我經常被迫陷入困境，要在最後一刻，接受電視訪問、參加談話節目、上廣播節目、接受報紙採訪、接受贊助要求和攝影要求，所有活動都要求我表現出最好的一面，還要求我隨時隨地都表現出最好的一面，不管我多麼疲勞、多麼苦於時差，或是基於多年巡迴演講，已經筋疲力盡，大家都希望我好好表現，就是這麼簡單。

此外，就在同樣的日子裡，我也必須站上講台，對多達一萬兩千位繳了高額學費來看我的群眾，發表二到十小時之久的演說，因此我一站上講台，就必須把我的精神狀態，從時速零公里，提高到一百公里。

我面對的就是這種現實狀況。

當時，我剛剛開始利用一種叫做神經語言程式錨定的狀態管理技巧，這種錨定技巧是一套技巧和策略組合的一環，這套技巧和策略又是構成神經語言程式（neuro-linguistic programming，NLP）知識的一部分。

神經語言程式屬於主流心理學的旁支，基本前提是人腦的運作類似電腦，因此可以透過程式規畫，促使某些重要行為型態幾乎在瞬息之間改變。但唯一的問題是做出任何改變前，你必須先知道兩件重要大事：

■ 怎麼替人腦寫程式碼

■ 程式碼要放在哪一種軟體中

我知道這種事聽起來很複雜，但實際情形正好相反。

我一解釋，你就會知道我說的是什麼意思。

根據神經語言程式的說法，人腦的軟體是語言，你寫程式碼的方法是創造語言型態，語言型態由文字組成，文字可能短得像一行短句，也可能長達好幾段，語言型態是根據一系列極為有力的基本語言原則構成，語言原則幾乎可以用一些非常深奧的方法，重新規畫任何人的頭腦，包括你的頭腦在內。

其中一種方法就是神經語言程式錨定的基礎。

神經語言程式錨定的基本前提是：人類有能力選擇自己在特定時刻的感覺，而不是由周遭環境或個人生活代替人類選擇。

換句話說，我們可以積極主動、而不是被動選擇自己的情感狀態，這種說法跟大部分人受到制約、認定我們只能做被動選擇的想法不同。

大部分人都認為，自己目前的情感狀態，是外力施加在他們身上造成的結果。例如，如果你碰到的是正面的事情，你就會陷入積極的情感狀態中；如果你碰到不好的事情，你就會陷入負面的情感狀態中。

對從事銷售行業的人來說，神經語言程式狀態哲學的主動積極性質，顯然很有吸引力，對希望過著比較上進生活的人也一樣。因此，神經語言程式把整個狀態管理過程，簡化為會受到個人意識控制的兩個核心要素，第一個因素是：

你選擇什麼重點。

基本上，任何時刻，你都可以選擇精確的重點方向，你會根據自己的選擇，進入符合你所選擇重點方向的狀態。

例如，接下來的幾分鐘，如果你把重點放在你這一生的重大成就上，例如最近的事業成就、美好的愛情、子女的健康、最近達成的目標、全家一起度假，那麼你會迅速跳進反映上述所有好事的積極、上進狀態中。

相反的，如果你把同樣的時間，放在注意這一生出問題的地方，例如最近的事業失敗、離婚、小孩生病、沒有達成的目標等等，那麼你會迅速陷入反映所有壞事的墮落狀態中。情形就是這麼簡單。

第二個因素是：

你當前的生理狀況。

把人類可能的行動和靜止不動的方式，例如姿態、臉部表情、四肢動作、呼吸速率、整體動作水準等等，全部加在一起，就構成了人類的生理狀況，生理機能是跨越所有文化的東西，因為在所有文化中，生理和每一種情感狀態之間的關係，幾乎都完全相同。

換句話說，人類處在快樂、積極的情感狀態時，幾乎全都會表現出相同的生理機能，例如，生長在巴布亞紐幾內亞的人跟愛斯基摩人一樣，跟在葡萄牙長大的人也一樣，覺得沮喪時，不會笑開懷；覺得快樂時，不會皺眉頭。

例如，我指著一扇關著的門，告訴你：「那扇門後住了一位非常快樂的女性！我出一萬美元的獎金，希望你告訴我，下面配成對的體態中，那一種最適於拿來描述這位女性：她在笑還是在皺眉頭？她抬頭還是低頭？她呼吸悠長還是短淺？她筆直站著還是有點駝背？她肩膀伸展還是略微收縮？她兩眼圓睜還是微微瞇著？」（同樣的問題當然也適用沮喪的女性。）

我曾經拿上面兩種版本的問題，問過包括英、美、澳、德、中、俄、星、馬、南非、墨西哥、加拿大、冰島等國和你所能想到國家的現場聽眾，不管我到世界上的哪個地方，所有聽眾的答案總是完全相同。

換句話說，我們知道沮喪的人是什麼樣子，知道快樂的人是什麼樣子，也知道生氣的人是什麼樣子，有愛心的人是什麼樣子，我們也全都知道不耐煩的人是什麼樣子，鎮定的人是什麼樣子，一切都很合邏輯。

我現在要從稍微不同的角度，問你跟狀態管理有關的另一個問題，假設你現在很沮喪，如果我提供你五萬美元的獎金，要你在下一分鐘表現出快樂的樣子，你做得到嗎？

你當然做得到！

這樣做就像在你的生理機能上，刻意做出某些明顯的改變一樣簡單，從你還是小孩子的時候開始，你已經做過無數次了。

然而，如果我提供十萬美元的獎金——不對，獎金改成一百萬美元好了——要你最後一次針對自己的生理狀況，做出同樣的改變，只是這次有一個重要的差別，我要你在未來十八小時內，持續維持快樂的生理狀況，你做得到嗎？

做不到。

不管你怎麼努力，你就是做不到。

這種事情不可能做到。

說明白一點，這件事跟你的強弱或類似狀況無關，只是人類的結構問題而已。

事實上，我們雖然隨時可以表現出自己希望展現出來的感覺，但這種時刻卻很短暫，大概只有五分鐘，最長可能頂多一小時，一小時過後，你會慢慢退回先前的狀態中。

如果其中什麼地方讓你覺得陌生，下面的快速練習會讓你搞清楚一切。

我希望你回想這輩子裡，別人叫你管理自己的狀態、你實際上也這樣做的所有情況，只是當時你用別的方式稱呼這種事情。

例如：

別人有多少次告訴你：「振作起來！」或「裝出若無其事的樣子！」或「保持警覺！」或「保持冷靜！」或「展現笑容、注意禮貌！」或是「別發脾氣！」

知道我的意思了嗎？

實際上，我們在這一生的很多時刻，全都努力地在管理我們的狀態，有時候我們可以做到，有時候做不到，錨定的目標是消除「做不到」的狀況。

我們現在要說得具體一點。

神經語言程式邏輯第一步的基礎，是人類將近百分之百的可能性，可以藉著明確引導自己的注意力和生理狀態的方式，積極管理自己的情感狀態。

神經語言程式邏輯的第二步，是把這種觀念跟巴甫洛夫（Ivan Pavlov）用狗所做的古典制約實驗結合起來。

還記得巴甫洛夫用的那隻狗嗎？

據說十九、二十世紀之交時，籍籍無名的俄國科學家伊凡．巴甫洛夫，找了一隻餓壞了的狗（當時很常見）做實驗，他在狗的眼前，放了一塊美味多汁的肉（當時幾乎不可能找到），另外還找來一隻聲音特別大的鈴鐺（是否很常見就不知道了）。

總之，這個實驗的過程很簡單：

他把肥美多汁的肉放在餓壞了的狗前面，同時搖響鈴鐺。

狗一看到肉，就開始流口水，這件事一點也不奇怪，對狗來說，鈴鐺聲只是巧合而已。但巴甫洛夫一再重複這個過程時，很快就注意到，過不了多久，狗不必再看到肉，只要聽到鈴鐺聲，就會開始流口水。

巴甫洛夫斷定，這種結果的原因是：每次他重複這個實驗時，狗的腦部會在鈴鐺聲和肉的影像之間，發展出更強力的關係，最後，這種關係變成極為強勁，以至於光是搖鈴鐺，力量就大到足以引發狗流口水。

在神經語言程式中，鈴鐺聲叫做**錨**，搖鈴鐺的動作叫做**下錨**，兩種形式上無關的事項，用這種方式建立關係的過程，叫做**定錨**。

業務人員最常在絕對確定的情況下，設法下錨，他們最常選擇的錨是大聲說「好」，同時雙方擊掌為憑。

如果你認為，大聲說「好」，同時互相擊掌，對餓狗的誘惑力，似乎遠不如肥美多汁的牛肉（同時把鈴鐺搖到響死人）那麼強烈，那麼你我的想法相同，都覺得懷疑、焦慮不安、卻仍然希望找到答案。

但是，從另外一方面來說，我知道神經語言程式背後，具有健全的科學依據，破解其中密碼後，報酬應該高得難以計算——對我來說沒有這麼高，對未來幾年內應該會來參加我的現場說明會的千百萬人來說，就是這麼高。

我和大部分投資人不同，天生善於把自己的狀態維持在極高的水準上，因此對我來說，錨定其實比較不像必需品，比較像是奢侈品。

可惜像我這樣的怪胎不只是萬中選一而已，外面有千百萬人在這方面的天生能力，正好都在整個頻譜的另一端，因此我繼續實驗，拿很多策略和基本神經語言程式錨定搭配，希望提高這種錨定技巧的效率。我花了一個月多一點的時間，終於有了重大發現。

二〇〇九年夏天，我創造出極為有效的狀態管理產品，還自豪地命名為嗅覺錨定，這種產品重約三十公克，長約五公分，長得細細小小，卻十分對稱。

這種產品的所有特徵都很清楚，但有一個特徵特別突出：

就是會發出刺鼻味道！

6 管好銷售狀態的必勝公式

正確地說，我認為，我是因為有幸能夠站在天才的肩膀上，才會發現嗅覺錨定技巧。

我說的天才是理察・班德勒（Richard Bandler）博士，他十分聰明，是極為神祕的科學家，也是有遠見、有娛樂性的傑出催眠大師，他和語言學教授約翰・葛蘭德（John Grinder）合作，發明了神經語言程式。

一九八〇年代初期，神經語言程式把重點放在信念系統、價值層次和狀態管理等內心世界的差異上，研究出震撼自我開發天地的成果，從此在促進這一行的成長上，扮演重要的角色。

我會開始研究這門學問，是因為想學習神經語言程式當時格外著名的兩種特別策略，第一種策略叫做**時間線回溯**（timeline regression），這種策略意在幫助大家，破解自己限制性信念的密碼，用上進性的信念取而代之；第二種策略就是前一章討論過的錨定，錨定的目的是希望協助大家，能夠隨心所欲激發巔峰情感狀態。

最後，我雖然在實施第一種策略上獲得驚人成就，在第二種策略上卻沒有什麼搞頭，因此到了二〇〇九年夏天，我開始測試各種方法，希望強化錨定的效率。

到了二〇一〇年初，我找到了重大發現。

事後回想，我仍然不知道自己為什麼會花這麼長的時間，才破解錨定的密碼。畢竟神經語言程式錨定和嗅覺錨定之間的差別，只有我加上去的兩種策略而已，這兩種策略中的每一種，都是為了處理班德勒認為兩大特別危險、又難以執行的錨定特性中的一種。

第一種危險跟你在下錨那一刻，能夠把狀態提升到多強烈有關。班德勒解釋說，**成功下錨的關鍵，在於你內心感受的情感強度必須到達絕對最高峰狀態，低於這種水準，錨不會定住**。

就這一點和第一章所說確定性量表的關係而言，就是你必須無條件地處在絕對明確的十分上，只有這樣，你在最適當的時刻，才會覺得心中有個嘶嘶作響的火山，確定性幾乎要從中噴發出來一樣，這時你就可以把錨推出來，再推下去。因此，神經語言程式錨定第一個容易害人的地方，是和自然升到這種狀態相比，大家通常難以用人為的方式，把自己推升到絕對確定的狀態中。

第二個危險跟你選擇什麼形式的錨有關（錨等於巴甫洛夫實驗中的搖鈴）。班德勒解釋過，錨不但要突如其來，還要特別顯眼。常常聽到的聲音或姿態根本沒效，必須是極端的東西——愈極端愈好，而且愈罕見愈好。基本上，你希望有什麼東西，能夠用你難以忘懷的方式，敲醒你的頭腦，甚至震撼你的感官，這樣就是錨的完美功能，擁有這樣的錨至為重要。但是你不要浪費時間尋找這種錨，七年多前，我找到了世界上最完美的錨，現在我要敬獻給你，讓你輕鬆運用。

這些年來，我發現教你嗅覺錨定最好的祕訣，是帶你先進行神經語言程式錨定，這樣可以提供你完美的背景，以便真正精通嗅覺錨定。我順便要說的是，要精通嗅覺錨定極為容易，你只要聽一堂課，就可以學會，連七十歲的老人也是這樣。

我們現在要開始學習。

神經語言程式錨定有五個基本步驟：

第一步：選擇一種狀態

你首先必須決定你希望錨定什麼樣的情感狀態，這時你總是必須刻意根據你即將面對的狀況，而不是根據已經面對的狀況，做出這種決定。換句話說，**錨定是瞻望未來的過程，具有主動積極的性質**。

為了做這種練習，我們要選擇絕對確定的狀態，因為你開始銷售接觸時，必須處在這種狀態中。

第二步：選擇你的重點

這時，你必須閉上眼睛，回到你生命中絕對萬分確定的時刻，這種時刻最好的例子，是你剛剛完成一筆十分困難、聽來都讓人覺得可怕至極的銷售時。不管怎麼說，那一刻都是你那天表現最好的時候，現在，你沐浴在銷售完成的美好回憶中，覺得超級有信心，覺得絕對確定，知道自己可以挑戰全世界，跟所有潛在客戶完成交易。

一旦你鎖定了這種回憶，我希望你在心眼裡，產生一種鮮明的圖像。我希望你看清整個場景，看到在場的所有角色，他們的樣子就跟當時一樣，他們的穿著、髮型、甚至房間的樣子，都一模一樣。

你要像大家所說，能夠分身在房間上方俯視一樣，在心中產生這種影像，這樣做是設定目標和自我激勵的關鍵重點，因為這樣可以讓你看到自己完成某種目標、任務的樣子，或是看到更完整的未來願景。然而，還有一種更有力的方式，可以利用這種內心圖像，設定一種定錨，我會在第四步時，再探討這一點。

第三步：選擇你的生理狀況

這時，你要改變你的生理狀況，以便完全符合你試圖錨定的生理狀況。例如，在目前這種情況中，你要確定自己的站姿堅定、頭部直挺、走路、談話、甚至連呼吸都表現確定不移的樣子，因此，實際上，你身體的每個部分，包括最細微的姿勢和臉部表情，都會跟絕對確定的情感協調一致。

如果你認為這樣有幫助，你甚至可以讓第二步中的圖像動起來，讓你好像在看電影一樣，可以把電影中人當成模範，產生絕對確定的生理狀態。

請記住，這時對自己的生理狀態覺得羞慚或不安，對你不會有好處。原因很簡單，這時是愈多愈好、不是愈少愈好的時候，你的重點也是這樣，原因你馬上在第四步中就會看到。

第四步：強化你的狀態

這一步要利用你的五種感覺型態，也就是你的五官，再動用你的頭腦，操縱你在第二步時用心眼產生的影像，以便強化你內心中產生的絕對確定感覺。

我們首先要了解下述五種感覺型態：

視覺：就是你所看到的外部現實世界，以及在心眼中看到的內部世界。在內部世界裡，影像可能來自記憶，可能是你想像出來的東西，也可能是兩者的組合。

聽覺：就是你所聽到的外部和內部的東西，排列跟上述感覺相同。

動覺：就是你所感覺到的外部和內部事物，排列跟上述感覺相同。

味覺：就是你所嘗到的外部和內部的東西，排列跟上述感覺相同。

嗅覺：就是你所聞到的外部和內部的東西，排列跟上述感覺相同。

我們在大部分時間裡，通常都依賴前三種感覺型態，其中視覺最重要，其次是聽覺和動覺。談到怎麼用腦時，當然沒有什麼東西是固定不變的。例如，如果你是大廚，你會偏重依賴味覺，如果你是品酒師或香水師，那麼你會偏重利用嗅覺。

我說過，在錨定時利用這些感覺的方式，是取用你心眼中的圖像，加以改變，變成對你的情緒更有影響力的圖像。

例如，如果你現在把焦點放在心眼中的影像上，你可以命令腦子，把影像放大、變亮、變得更鮮明，甚至拉近到你面前，這樣做通常會放大圖像帶給你的感覺，在這種情況中，我們指的是絕對確定的感覺。然而，這種情形就像現實生活一樣，靜態照片對你的影響力有限，這是我們看電影或電視節目時，感受比看一堆照片或翻閱雜誌強烈多了的原因。

事實上，就我們所看到影像大小或品質而言，就我們從中得到的感受而言，電影的演進正是完美的例子。例如，最早的電影是黑白默片，後來，有聲黑白片取代了黑白默片，有聲彩色片取代了有聲黑白片，特藝七彩和立體身歷聲電影取代了有聲彩色影片，大銀幕、特藝七彩、立體身歷聲電影和杜比音響效果的電影，取代了特藝七彩和立體身歷聲電影，接著電影一直進步到擁有環繞音場和立體等等效果的最大影像（IMAX）劇院。

請注意，把東西愈做愈大、愈明亮、愈清楚、愈真實的趨勢顯而易見……直到趨勢開始反轉的某個時候為止，超高 IMAX 銀幕、三度空間、搖動座椅的感覺環繞電影，雖然提供「更真實」的體驗，卻從來沒有真正流行過。

這正是我們利用五官強化確定狀態的方式，方法是取用你在心眼中產生的影像，讓影像經歷跟電影一樣的進化過程。下面就要告訴你怎麼做到這一點。

推動腦部運作

我希望你取用心眼中產生的靜態影像，再把靜態影像變成動畫影像，這樣才能真正看到自己在影像中移動的樣子，因為你即將完成一筆大生意，這時是你最厲害的時候。如果這樣做對你有幫助，你甚至可以為影像加框，想像你看到的是平面電視影像。

重點是你把靜態影像變成電影後，會覺得跟這種場景關係更密切，你的確定狀態會開始增強，尤其是我們進行下一步、利用你的記憶，在影片中加入對話後，更是如此。因此，你現在就要這樣做：就你記憶所及，在影片中加上適當的對話，自己也要表現出同樣完美的聲調和肢體語言。如果這種對話不符合你的需要，你可以創造新的對話——選擇能夠為你加持、協助你激發你所渴望心態的對話。

現在是你該把電影放大、變亮、變清楚、再拉到比較接近你的時候了，你甚至可以把三度空間效果加上去，或是做任何改變，但是，請記住，每種改變都應該使影片看來更真實，進而能夠提高你的確定性水準，因此如果你的任何改變到達報酬率遞減的時刻（例如，你被迫坐在劇院前排，或把電視亮度或音量調得太高的時候），你要慢慢地開始反轉過來，到找到影片中每種功能最合適的甜蜜點為止。

你對內心中的電影進行各種「編輯」時，請注意跟著這種記憶而來的感覺，是用什麼方式，持續不斷地增強，然後你可以進一步強化這種感覺，方法是想像影像占領了你心臟上方或心窩之類的地方，然後把掌心放在這一點，你會注意到，這種感覺通常都會朝某個方向旋轉或滾動，然後讓你的手隨著那種感覺移動，到兩者合而為一為止，你可以用你的手，加速旋轉那種感覺，甚至在那種感覺中，加入你最愛的顏色，如果有必要，也可以加上低沉的爆竹爆炸聲……現在我們暫時休息一下。

我要快快地問你一個問題：

你會不會認為我有點失心瘋了？心裡居然會有翻滾、旋轉、爆竹爆炸的感覺？毫無疑問的是，這樣聽起來有點古怪。事實上，我自己是第一個承認這一點的人！但我要說的是：除了和我發明的直線銷售說服系統有關的事情外，我還有很多更直接的事情要說，在這種情況下，你真的認為我會浪費你我的時間，詳細討論這一切嗎？

利用你的心力進行的所有這些小小調整，其實都會進一步強化你的狀態，這種狀態很重要，因為**你只有處在絕對巔峰狀態時，才能下錨！**（只靠這種策略不能讓你達到高峰狀態，卻可以讓你做好準備，大力進行嗅覺錨定。）

第五步：做好下錨準備

現在我們來到第五步，要實際下錨了，你必須把你剛剛創造的強烈狀態，跟一個字、一句真言拉上關係，或是跟拍手和大聲叫「好」之類的聲音或鮮明感覺，拉上關係——這樣代表你破解了整個過程。

我以前一直苦苦尋找，希望找到一種讓人覺得夠極端、夠獨特的字眼或動作，當成我在任何狀況下都能動用的錨。不知道為什麼，我始終找不到能夠讓我覺得很適當、很深奧的東西。後來我終於找到了。

我怎麼想到利用嗅覺這個點子的經過，已經不完全記得了，但是，這一點一定跟我小時候的記憶有關。我長大後，一直都覺得奇怪，不知道為什麼我兒時聞到的一絲絲最淡的味道——卡茲奇山脈（Catskill Mountains）夏令營營地新割過的青草芳香、家父帶我去釣魚時碼頭旁低潮的味道，或祖母房子裡防蟲藥丸的麝香味——都足以把最有力的記憶急速送回來，到了衝擊我內心的程度。

一旦我想到用嗅覺來錨定，經過不了多久，我就找到了完美的產品，這種產品必須符合我的兩個要求：

1. **必須至為極端、罕見、有力、刺激，符合班德勒的規定，卻仍然足以讓鼻子覺得愉快，不能覺得厭惡，否則會變成負面的定錨。**
2. **必須輕便、實用、個人化、便於運送，可以輕易塞在口袋裡，拿出來時不須大張旗鼓，用來激發我下錨時，味道不至於傳到周遭環境中，影響我身邊的人。**

我找到的產品叫做噴噴（BoomBoom，編按：一種薄荷精油鼻通棒，能瞬間令人清涼醒腦），你可以上 www.boomboomenergy.com 網站，了解噴噴的細節。

噴噴裝在簡單俐落的黑色罐子裡，大小跟護唇膏差不多，因此，我只要旋轉頂端，讓兩個鼻孔吸一吸，立刻就會躍升到理想狀態。

這種做法無疑是驚人的突破，但是，噴噴帶來的另一種突破卻更為驚人，嗅覺錨定今天能夠變成萬無一失的狀態管理策略，這種東西是真正的功臣。

第二項突破是什麼？

簡單說，我想出一種可笑的方法，刪掉神經語言程式錨定程序中的第二到第四個步驟，剩下兩個步驟，這樣就變成既精簡又極為便利的程序，然後正式定名為嗅覺錨定，因為這個程序的核心基礎是帶有刺鼻味道的噴噴。

為了解釋我的做法，我必須往回走一步：

我變成神經語言程式應用大師後，又花了半年時間，努力替自己尋找確定狀態的定錨。但是不管我嘗試多少次，一走到第四步、利用五種感覺型態強化我的重點時，一切就開始土崩瓦解。

問題出在開始時我選擇的記憶，我回想自己的一輩子，有哪個時刻，比我在白板上畫出直線銷售說服系統的那一個星期二晚上，覺得心中更絕對確定？我說的是第二章我靈光閃現的那一刻。我想不出有什麼時候，對什麼事情曾經這麼確定過。

但是讓我震驚的是，我試圖設定定錨時卻失敗了，一直沒有辦法設定定錨，我一試、再試、三試……

結果都不成功。

因此，我把重點放在不同的回憶上，放在比較久遠或比較新近的回憶上，放在我推銷、訓練業務員和上台演講的回憶上，但是，不管這些回憶多有力、不管我多少次試著用五種感覺型態，設法達成絕對巔峰的狀態，我心裡都知道自己沒有達成目標。

要成功定錨，必須處在絕對巔峰狀態的要求，使這種策略極難執行，無論有沒有人指導你進行這種程序，實際產生一種人為的絕對確定狀態——我是說，要真正做到這樣，沒有胡扯或誇大——成功的機會相當渺茫，而且最重要的是，這樣也容易形成嚴重的自我幻想，造成大家因為渴望得到成功的好處，因而努力自我說服，說自己已經成功。

事實上，我利用神經語言程式設定定錨時，見過的這種出於善意的自我幻想情況，比任何事情都多，在現場活動時，看到的例子特別多，因為這時大家會有被迫配合群眾的感覺，會像瘋狂的妖精一樣，上下跳動、不斷歡呼、一面拍手，一面叫「好」，大家把手高高舉起，互相擊掌，慶祝自己已經成功定錨。

然而，現實很殘酷，他們從這種昇華狀態中得到的好處，例如，他們的學習速度會加快，會記得更多東西，會獲得他們永遠無法忘懷的體驗（而且他們會再度買票進場！），都只是暫時性的現象。

這麼說來，我要從什麼地方下手，處理這一切問題呢？

最後，我終於了解，要升到設定合宜定錨所需的真正超高絕對確定水準，唯一萬無一失的方法，是等到我確實處在內生的這種狀態時，才進行錨定。

換句話說，我何必努力靠著一系列完全主觀的強力神經語言程式技巧，產生超高的絕對確定狀態，實際上卻根本不知道自己是否已經達到那種境界呢？我只要等到我在現實世界中，完成一筆真正的大生意，進入內生的絕對確定巔峰狀態時，就在當下、就在沐浴在完成超大交易榮光中的那一刻，在我知道身上每個細胞都真正處在內生的絕對確定狀態中，而不是處在人為製造的類似狀態中的那一刻，我應該拿出我的噴噴，對著每個鼻孔，大力吸一吸，就這樣，我替自己設定好一支強而有力的定錨。

放大錨定作用

現在，我們要把一切摘要說明如下：你不必準備、根本不必選擇自己希望定錨的狀態，你只要等到你完成一筆真正大生意的驚人時刻（或促使你自然跳進絕對確定狀態中的任何情況或任何絕對狀況），然後就在那一刻、就在當下，你要拿出自己的噴噴，轉開蓋子，用力地、深深地讓每個鼻孔吸吸，好實際感受薄荷和柑橘蓋住你嗅覺神經的衝擊，感受那種令人愉悅、令人精神振奮的刺激，然後兩手握拳，開始大力擠壓，讓指甲深深刺進手掌心，到你確實感受到那種感覺為止，再用有力卻受到控制的樣子，大聲叫「好」，讓大部分的音量都直接對內，對準心窩，在那裡跟心臟、靈魂、肝臟、腰部和胃部產生共鳴，就是這樣而已。

你剛剛替自己下了一個非常有力的錨，下次你要進入銷售接觸過程前，可以拿來運用。

下面要說明這個錨的外觀和下錨方法：

第一步：選擇一種狀態

我們要像以前一樣，選擇一種絕對確定的狀態。

第二步：完成定錨

你要等待非常特別的時刻，然後拿出你的噴噴，轉開蓋子，遵照前面說過的步驟，在每個鼻孔中狠狠吸一下，然後雙手緊緊握拳，指甲咬進掌心，用有力卻受到控制的樣子，大聲叫「好」。

十秒鐘後，噴噴的香氣還殘留、但最初的衝擊已經消散時，重複這種過程一次。

像大家說的一樣，這樣就結束了。

你已經錨定在絕對確定的狀態中了。

現在，為了安全起見，你可以再重複一次這種過程，你可以在下次完成類似的驚人交易、在第一支定錨上面，疊上第二支定錨時，重複一次，這樣做肯定沒有壞處，因為兩支錨疊在一起時，只會變得更強而有力；但是無論如何，即使你只錨定一次，你第一次下的錨應該也非常有力，應該是在即將進入銷售接觸時下的錨。為了確保你的錨鎖死不動，你在未來大約一個月期間，碰到完成讓你躍升到絕對確定巔峰狀態、又特別驚人的交易時，你要拿出另一管噴噴，不斷地把另一支又一支的錨，堆疊在原有的錨上面，到關係變得極為深入、永遠跟你在一起時為止。

扼要地說，嗅覺錨定就是這樣。

我看過嗅覺錨定在無數人身上發揮奇效，他們受到這種錨定的影響，遠比我受到的影響深遠多了。畢竟對我來說，處在銷售或業務環境中時，我總是覺得狀態管理很容易，但我是例外，要是有一個像我一樣，另外會有一百萬個人跟我正好相反，他們會受到嚴重的壓抑，唯一的原因是沒有能力在銷售接觸中，表現出他們最好的一面。

因此，我恨不得立刻告訴你，能夠把帶有奇異刺鼻味道的黑色小管子，丟給這些人，讓他們當成救生索，我覺得非常滿意。大家只要用左鼻孔迅速吸一吸，再用右鼻孔吸一吸，管理你的狀態就會變得異常簡單，就像滴幾滴 Visine 眼藥水，血絲就會消除一樣簡單。

事實上，直線銷售說服系統會帶給你驚人的力量，嗅覺錨定會讓你信心滿滿，讓你處在可以利用那種力量的狀態中，你已經把自己設定好，幾乎可以完成你有心做好的任何事情。

因此，我們現在要從先前停下來的地方開始，回頭探討直線銷售說服系統的實際技巧，深入研究十種深具影響力的核心聲調和肢體語言原則。

7 如何學好進階版聲調訓練

我們現在要從第四章暫時打住的地方，開始詳細解釋十大深具影響力的核心聲調。然而，開始探討前，我首先必須針對這種極為有力、主要由十種聲調構成的潛意識溝通策略，迅速對你提出道德上的警告。

我說「極為有力」時，意思是就算你只稍微精通這種策略，你其實就可以讓別人購買不該買的東西，做不該做的事情，別人甚至不知道你對他施加了龐大的影響力。

這種策略顯然可能遭到不道德的業務員嚴重濫用，因此我希望清清楚楚正告每位讀者，我連一絲一毫都不能容忍這種事情，因此，如果你簽署下面這張道德警告書，我會非常感謝你。

我永遠不會把我即將學到的策略，用來操縱潛在客戶，做出違反他們本身利益的事情。如果我做了這種事，我該像喬登一樣，承受十年痛苦而難過的歲月。

簽名＿＿＿＿＿＿＿＿

請記住，維持道德和誠信是每個人賜給自己的禮物。無論是為了晚上不失眠，還是要做孩子的榜樣、享受幸福的感覺，或是要建立無懈可擊、可以創造更大成就的名聲，我都可以根據自己的經驗告訴你，不走偏鋒、卻能創造財富和成就的感覺勝過一切。

說了這些話後，我們要進入主題了。

到這裡為止，我說的是有一種威力無窮的策略，利用十種深具影響力的核心聲調，以極為深奧的方式，強化你的對外溝通，以至於潛在客戶的意識心靈覺得，因為你的聲調不斷變化，以致他聽不懂意識心靈聽到的所有額外言語。

意識心靈在幾秒鐘內，幾乎會把所有的處理能力，用在設法理解蜂擁而來的額外字眼上，這樣你就控制了潛在客戶內心的獨白，使潛在客戶內心替你說話，而不是跟你作對。

你覺得有點困惑嗎？如果是這樣，不是只有你才覺得困惑而已。

這種策略很好學，要了解卻稍微難一點，因此我要把這種策略分成幾個步驟。首先我們要快快複習一下，看看我媽怎麼策略性地利用聲調叫我的名字。

如果她用嚴厲、正經的聲調叫：「喬登！」那麼，我聽到的言外之意是：「立刻滾過來！看你做了什麼好事！」相反的，如果她用悅耳的聲調說：「喬—登！」那麼，我聽到的言外之意是：「寶貝，你在哪裡，來喔，趕快出來！」

這只是基本的例子，顯示每種聲調都會在聽話者的意識心靈中，產生獨有的言外之意，然後聽話的人會賦予適當的意義。

因此，你在具有影響力的狀況中跟潛在客戶說話時，實際上，他們的腦裡會同時聽到兩種不同的東西，第一種東西是你說的話，他們會從個別字眼和整體句子的角度，分析每個字的意思；第二種是他們根據內心賦予你話語中的含義，辯論你話語的對錯時，從腦中發出來的內心獨白。

例如，你打推銷電話，給名叫張三的潛在客戶，他拿起話筒說你好，你回答說：「嗨，我是頂好旅行社的李四，我要找張三先生，他在家嗎？」

除非張三過去三十年都住在山洞裡，否則他有百分之九十九・九九的可能，強烈懷疑李四是業務員，張三還不知道他要推銷什麼產品，也不知道他從哪裡拿到自己的電話號碼，但是這兩點不會改變這個人完全是陌生人的事實。

總之，朋友、甚至是點頭之交的人，都絕對不會這麼正式地跟他說話，也應該可能在電話中認出他的聲音。他把這件事跟每次電話一響，幾乎都是電話行銷人員打來的事實合起來看，在這次銷售接觸的頭五秒鐘內，就知道了全部情況。

他要怎麼回應呢？

一般人通常會馬上掛斷電話，相信這樣不會得罪自己認識的人。

但是張三非常有禮貌，覺得掛別人電話心裡會不安，即使掛電話的對象是衝勁十足、大膽打電話到他家來的業務員，也是這樣。

因此張三沒有掛電話，反而用有點惱火的聲調說：「我是張三，有何貴幹？」同時，內心的獨白卻以十分生氣的口吻，對心裡的批判性判斷中心說：「呸！又是該死的業務員打電話來家裡，打斷我的晚餐！我得想個辦法，結束這通電話，然後要把對方列入攔截來電名單裡。」

這種獨白顯示，張三內心顯然不願為業務員事先鋪路，不願讓業務員有多少機會做成生意。實際的情形是銷售還沒開始，就已經結束了。然而，因為李四聽到的回答是張三的場面話——有何貴幹？——完全不知道實際情況，才會信心十足地繼續推銷。

「晚安，」李四說：「我打電話給你，是想讓你知道我們有個不可思議的機會……」業務員單調的解釋這個不可思議的機會時，張三的內心獨白已經開始攻擊。

「不可思議個屁！」張三的內心對位在大腦前額葉皮質的批判性判斷中心說：「這個傢伙說的全都是鬼話！要是他現在就在我眼前，我發誓會扭斷他該死的脖子——」突然間，張三發現業務員在問問題。

「……是這麼簡單，張三，我只需要迅速問你幾個問題，不會浪費你的時間，這樣可以嗎？」

張三迅速回答說：「對不起，你打電話來的時機不對，我要掛電話了。」

「沒問題，」業務員回答：「什麼時間比……」

電話一聲掛了。

就像這樣，銷售還沒開始就結束了，要是千百萬業務員了解潛在客戶內心的對話、要是業務員學過簡單卻極為有力的因應策略，這次推銷可能得到相反的結果，而不是列入一長串「銷售失敗」名單中。

十種深具影響力的核心聲調

我教你這種策略的細節前，必須先說明一種重大的差異，天生業務員和一般業務員不同的是，會自動在自己說的話中，運用正確的聲調。

天生業務員說話時，不必刻意決定要用十種深具影響力核心聲調中的哪一種，才能控制潛在客戶的內心獨白說出對你不利的話。你的潛意識心靈會自動為你提供這種服務，每一次都不會弄錯。

如果你在銷售過程中，覺得你理當說出絕對確定或至為誠懇的話，或是聽來充滿愛心、同情心或十分合理，或是應該符合十種核心聲調中的一種時，那麼，那種聲調就會像變魔術一樣，滿布在你的言辭上，你甚至不必刻意去揣想，這種情況自然就會出現。

相反的，如果你不是天生業務員，而是跟百分之九十九以上的絕大多數人一樣，那麼，你的內部溝通就會中斷。說明白一點，就是你的意識心靈和潛意識心靈連結的方式，會讓這兩種心靈無法順暢的交換資訊。

因此，你的對外溝通會遭到稀釋，達不到你原來的要求，其中缺少你自認透過運用聲調和肢體語言、已經傳達出去的多采多姿和活力。

你不知道自己採用的聲調為了什麼原因，遭到阻擋，沒有陪著完全不受阻礙的詞句，走完脫口而出的全程。

換句話說，你的對外溝通像常見多了的情況一樣，缺少聲調，或只有一點點你想要的聲調，你不是刻意選擇這樣做，而是你像一般人所說的「音盲」一樣，是內部溝通平台低於平均水準的受害者。

你耳朵聽到自己的話脫口而出的那一刻，你的潛意識心靈騙了你，讓你認為你的話聽起來很完美，就像你原來想要表達的一樣。

但實際上，確定、信心、熱情、熱心、急切、同理心、清楚程度，以及好故事或清晰觀念應有的其他主觀特性，都在傳輸過程中消失了，你變成了大自然強大壓力的受害者，因為大自然在你長大過程中，連續對你發出重擊，造成你的內部溝通平台容許你的言語自由發出，卻阻礙你所運用的聲調流出，因而稀釋你所發出的訊息。

這一點在最基本的水準上，怎麼影響你完成交易的能力呢？你以傳統的方式運用聲調，而不是以設法控制潛在客戶內心獨白的方式，運用聲調——你可以畫一條直線，接回三個十分量表上的情感部分，看看這種情形的殺傷力。你在沒有正確聲調的情況下，激勵潛在客戶的能力會受到嚴重限制，完成交易的能力也會大打折扣。

請記住，你的話可以打動潛在客戶的理性，你的聲調可以打動潛在客戶的感性。此外，我們也可以在高很多的水準上，利用聲調，控制潛在客戶的內心獨白，阻止內心獨白說出對我們不利的話。事實上，我們現在該搞清楚這一點了。

我們回頭看有禮貌的張三和頂好旅行社電訪員李四的例子，這次唯一的不同，是李四已經學會直線銷售說服系統的戰術和戰略，他從一開始，就遵守其中一條最簡單的規則——業務員跟潛在客戶說話時，絕對不應該用過於正式的方式，應該用跟朋友打交道一樣的尊重方式。

因此，他不應該說：「嗨，我是頂好旅行社的李四，我要找張三先生，他在家嗎？」——這樣說等於宣布死訊——他應該用非常樂觀的聲調說：「嗨，小張在嗎？」

我說「非常樂觀的聲調」時，指的是十種深具影響力核心聲調中的一種，是名叫「**我關心**」或「**我真的想知道**」的聲調。當我運用這種樂觀、熱情的聲調，而所有其他業務員幾乎都馬馬虎虎說同樣的話時，我不但立刻顯得好像鶴立雞群，也啟動了控制潛在客戶內心對話的程序。

基本上，這樣表示你全心全意放在潛在客戶身上，也表示你很想跟他談話。「你好嗎？」之類的說法，對於立刻跟別人建立融洽關係也大有幫助，這樣說顯示你真正關心別人，真的想知道別人過得好不好。

這種聲調會產生潛意識的心理連結，因為我們自然而然會覺得，真正關心我們福祉的人，跟我們的關係比較親近。

在這個例子裡，其實張三聽到的「嗨，小張在嗎？」後面話中有話，說的是：「我真的想知道！其他業務員只想完成任務，才這樣問你，我跟他們不同，我真的想跟他說話！」

我要說清楚，你在話中可以加油添醋的程度，會有一個最適合的限度，超過限度，你會開始讓人覺得虛偽。換句話說，你不希望像東尼老虎說「這樣太、太、太好了！」那樣說話。你這樣說話時，聽起來像十足的白痴。你希望樂觀到足以傳達你的意思，卻不過分到荒唐的地步。

請記住，聲調是發揮影響力的祕密武器，因為聲調是不言而喻的語言，潛在客戶會聽到你沒有說出口的含義，甚至會在不知情的情況下，受到影響。

這麼說來，張三會怎麼回答呢？

他聽到李四加強版問候的言外之意、努力處理其中的意義時，會說：「對，我就是小張。」李四立刻動用叫做**「以問句陳述」**（編按：用直述句表達，但聲調像疑問句一樣的上揚）的第二種深具影響力的核心聲調，說出下面的話：

「嗨，我叫李四，我在頂好旅行社打電話，我們公司在加州比佛利山，你今天好嗎？」

請注意，話中的每個想法都是在陳述說明：

1. 嗨，我叫李四，
2. 我在頂好旅行社打電話
3. 我們公司在加州比佛利山

三種想法中的每一個，顯然都是陳述句，不是問題。然而，如果你把這些話以問句聲調的方式說出來，就可以同時利用人類三種欲望的力量：

1. 不會被人視為脫離循環過程
2. 記起我們見過的人
3. 大致上顯得親切友善。

李四把這些陳述當成問句一樣說出來時，請注意其中「標點符號」的變化：「嗨，我是李四啦？我在頂好旅行社打電話喲？我們公司在加州比佛利山喔？你今天好嗎？」

如果你把三句陳述中的每一句，以連續問句的方式說出來，就是在暗示所謂的「微同意」，張三從中聽到的額外含義是：「對吧？對吧？你聽過我們公司吧，對吧？」

下面是我個人生活中的另一個例子：

小女小時候是最高明的業務員，她會說：「爹地，我們要去玩具店，對吧？你這樣說過，對吧？」如果你聽過小孩這樣說話，你就知道他們天生就知道怎麼利用這種聲調。小女這樣說時，我自然會在腦海裡開始搜尋記憶，「我不知道，對吧？」但是她已經把談話扭向前方，在我還來不及阻止或好好思考時，她就向門外走去，準備去玩具店；她在我還搞不清楚前，就用直線銷售法，讓我坐進汽車、踏進玩具店，買她想要的玩具。

你一定希望只偶爾利用這種聲調，但是在得到潛在客戶的同意上，這種聲調的力量大到不可思議。你可以把陳述用問問題的方式說出來，或是在某些背景下，一而再、再而三地提高聲音，說出同樣的話，潛在客戶會聽到：「對吧？對吧？對吧？」

李四用問句的方式說出名字時，張三的內心獨白會開始說：「等等！我應該認識這個人嗎？我最好模稜兩可，聽起來像認識一樣！」

你把平常的陳述用問句的方式說出來那一刻，潛在客戶的腦部會進入搜尋模式，設法搞清楚自己是否應該認識來電的人。這時因為意識心靈的處理能力有限，只要潛在客戶留在搜尋模式中，他們的內心獨白就會癱瘓，不能對你不利。

我要說清楚的是，雖然這個觀念威力強大，你卻不該幻想光是靠以問句陳述的方式，潛在客戶就會跟你買東西，聲調根本不是這樣運作，是藉著阻止潛在客戶的內心獨白，說不出對你不利的話，讓他們留在遊戲中，進而有機會受到你下一句話的進一步影響。

事實上，在銷售過程中的這一刻，這句話正是我要你逐字、逐句思考的東西。

我要你確定你選擇的每個字，都是絕對最可能達成你想要結果的字眼（後面探討腳本的篇章中會探討這一點），而且你運用的聲調，會讓你繼續控制潛在客戶的內心獨白，從而繼續控制銷售接觸。

在這個例子裡，你要說的下一段話在直線銷售術語中，又叫做**語言型態**，這些話會精確說明你今天打電話給潛在客戶的理由。

換句話說，你不是平白無故打電話給他。你不在昨天打電話、不在明天打電話、不在下周打電話，卻在這時打電話給他，其實是有特別的理由。

這個理由為你打電話給潛在客戶塑造了正當性，因此我們把這個理由叫做**正當理由**，我會在討論「探查」的第十章裡，更詳細地說明這一點，你現在只要知道一件事，就是你正確運用正當理由時，不管你提出什麼要求，潛在客戶的接受度都會急劇提高。在上面的例子裡，李四即將提出的要求是：請張三准許他問一系列的問題，好讓他開始收集情報。然而，我們現在只要把重點放在正當理由上，也放在李四要用的**神祕又使人著迷**的聲調上。

李四說：「噢，小張，我今天打電話給你的原因是：我們曾經接觸你們這一區一群精選過的屋主，準備提供他們……」接著，他會解釋要提供什麼東西，例如提供行銷特惠專案，讓張三得到免費機票，或在旅館裡免費住一晚，或是加入度假俱樂部或旅遊俱樂部，或是張三認定是好處的東西。

用這種聲調產生神祕又使人著迷的方法，是把你的聲音降到比耳語稍高一點，然後在說「理由」的理字時，稍稍拖長一點點。*

此外，因為你把聲音降到只比耳語稍高一點，理由就會帶有神祕性，也會產生急迫和稀少的感覺，引領我們探討第四種深具影響力的核心聲調：**稀少性**。

在銷售這一行裡，我們用「稀少性」來形容潛在客戶天生具有的一種傾向，希望得到更多他們認為會愈來愈少的東西。換句話說，有人發現他們想要的東西供應不足或稀少時，他們會更希望得到這種東西。

稀少性可以分為三種。

第一種叫做口頭上的稀少性。

口頭上的稀少性純粹是靠言語創造出來。現在我們不再用張三和李四的例子，改為假設你是 BMW 汽車公司的業務員，有位潛在客戶走進你們公司，想買一輛配備黑色皮椅的黑色 750iL 車款，再假設你希望針對潛在客戶想要的顏色和車款，創造口頭上的稀少性。

你可能會說：「我們的停車場上，只剩一輛車漆和座椅都是黑色的 750iL 車款，下一批車子要三個月後才會運到。」情形相當簡單，對吧？

基本上，業務員告訴潛在客戶，他想要的車款供應不足，就可以提高潛在客戶現在就買車、以免錯過機會的可能性。

在銷售方面，這種過程叫做激發急迫性，是說服客戶現在就買、而不是以後才買的做法中密不可分的一環。因此，你在要求潛在客戶下訂前片刻，至少應該總是設法激發某種程度的急迫性，以便急劇提高潛在客戶說好的可能性。

現在，如果業務員希望進一步提高這種可能性，就可以在說話中，加上暗示稀少性的聲調。

我們把第二種稀少性叫做聲調上的稀少性。

說得具體一點，聲調上的稀少性是指你把聲音降低到略高於耳語的程度時，要再加上一點點力量！在字眼或句子裡添加這種聲調，會在聽話者的潛意識心靈裡，激發稀少性的感覺，然後，潛意識心靈會對意識心靈發出直覺式的信號。換句話說，聲調上的稀少性位階高於口頭上的稀少性，因此，你說話的聲音會把潛在客戶直覺上的稀少性，強

＊請上 www.jordanbelfort.com/tonality 網站，聽聽正確的聲調。

化到遠遠超過言語為他們帶來的稀少性感覺。

這樣就引領我們來到**第三種稀少性，這種名叫資訊稀少性的情況意思是指資訊供應不足。**

換句話說，不但黑色 750iL 車款供應不足，而且沒有人知道這種事實。

基本上，資訊稀少會強化耳語的效果，把耳語放大成完整的祕密，讓潛在客戶覺得可以利用這種祕密，得到個人利益。

你把這些東西整理一下，就會得到下面的結果：

1. **口頭上的稀少性傳達的邏輯是：「我們只剩下一輛車漆和座椅都是黑色的 750iL** 車款，這輛車一賣掉，下一批車子要三個月後才會運到。」
2. **你要利用有力的耳語，把聲調的稀少性添加上去，因為耳語可以大大強化潛在客戶的稀少性意識。**
3. **你要藉著解釋連資訊本身都很稀少的做法，把資訊稀少性添加上去。**

為了探討接下來的三種聲調，我們要跳到銷售說明的主體結束、你第一次要求潛在客戶下訂的地方。

我們要求潛在客戶下訂時，要運用一系列的三種聲調變化，首先是用絕對確定的聲調，接著變成絕對誠懇的聲調，然後再變成理性男人的聲調。*

我先分別解釋這三種聲調：

一、**絕對確定聲調**：第四章已經詳細解釋過這一點，因此，這裡只要迅速喚起你的記憶就夠了。基本上，絕對確定聲調可以讓你的聲音變得更堅定、更確切，帶有一種似乎從心窩裡傳出來的力量，目的是為了傳達你對自己當時說的話具有絕對的信心。

二、**十足誠懇聲調**：這是鎮靜、平順、自信、自然的聲調，表示你現在對潛在客戶說的話，直接發自內心，你說的絕對是最誠懇的話。這些話像天鵝絨一樣平順、極為謙

---

* 請上 www.jordanbelfort.com/tonality 網站，聽聽實際在運用的聲調。

虛、極為沒有威脅性，以至於聽起來幾乎像道歉一樣，但是，其中幾乎沒有歉意，而是把一些顯然對別人最有利的事情告訴他們，因此如果他們不相信你的話、不接受你的建議，他們一定是傻瓜。

三、**講道理的聲調：**這是我最愛的聲調之一，也是用在銷售接觸中某些最重要時刻的聲調。在這個例子裡，我們要把焦點放在結束交易時如何運用上；然而，我希望你了解的地方，是我們也要在開始銷售，要求潛在客戶准許你解釋你提供的產品或構想有什麼好處時，利用這種聲調。換句話說，你不能不先說「如果你有一分鐘的時間，我希望跟你分享構想，你有一分鐘時間嗎？」之類的話，就開始對潛在客戶推銷一種構想。

最後這句「你有一分鐘時間嗎？」的話，要用在你以講道理的聲調，必須提高這句話的尾音，*暗示你的陳述很有道理的時候。

基本上，你運用講道理的聲調時，潛在客戶聽到的言外之意是：「我很講理，你也很講理，這是很合理的要求！」因為人的天性就希望遵守「推己及人」的黃金律，潛在客戶的潛意識中，會覺得自己有義務以理性回應理性，這種潛意識想法會促使他們答應你的要求。

下面有個結束交易的例子，可以說明怎麼把這三種聲調結合起來，變成一種聲調型態。*

首先，結束交易的典型語言型態應該類似：「如果你給我機會，李四，相信我，你會非常、非常動心，這樣聽起來很公平吧？」

接著，我要告訴你怎麼整合上述三種聲調，變成一種非常有力的聲調型態。*

我們首先用絕對確定的聲調，說：「只要你給我機會，李四，相信我……」

接著我們從絕對確定的聲調，平順地過渡為極為誠懇的聲調，說：「……你會非常、非常動心……」

最後，我們從極為誠懇的聲調，轉變為講道理的音調，說：「……這樣聽起來很公平吧？」這句話暗示你是講道理的人，剛剛說了一段合理的話。

請記住，你不希望用生氣又帶有侵略性的聲調，說：「**這樣聽起來很公平吧！**」或是用廢人帶著鼻音的聲調，說：「這樣聽起來很公平吧——？」，或是用電影《歡樂滿人間》中魔法保姆那種高亢的聲調，說：「這樣聽起來很公平吧？」相反的，你希望傳

---

*請上 www.jordanbelfort.com/tonality 網站，聽聽這種聲調。

達的訊息是你很講理，因此整個事情很合理，買東西不是什麼大不了的事情。這樣才是你希望結束交易的方式，而不是用暗示施加壓力的絕對確定聲調完成交易。

假設你的銷售說明做得很好，你結束說明時，第一次要求潛在客戶下訂，他們卻基於某些原因，表示還要考慮、考慮。

不管他們的反對理由是什麼、是不是常見的反對理由，你該問他們的第一個問題是：「你覺得這個構想有道理嗎？你喜歡這個構想嗎？」

用這種語言型態開始說話，會讓你過渡到你的第一個循環型態（我們稍後再探討這一點），開始提高潛在客戶在每一個十分量表上的確定性。

因此，假設潛在客戶回應你請他下訂的要求時說：「聽起來很好，讓我考慮一下。」

你應該回答說：「我聽到你的話了，但是，容許我問你一個問題，你覺得這個構想有道理嗎？你喜歡這個構想嗎？」*

這裡的關鍵是你所用的聲調——從「我聽到你的話了……」開始，直到最後說：「……你喜歡這個構想嗎？」你都要用跟金錢無關的假設性聲調。*潛在客戶聽到的言外之意是：「假設這點跟錢無關，你覺得這個構想有道理嗎？你喜歡這個構想嗎？」

基本上，你把整件事變成了學術性練習，徹底解除潛在客戶的武裝，讓你可以利用循環過程，繼續提高他們在三個十分量表上的確定性水準。

接下來，我們要看看**「暗示性顯而易見」的聲調**。＊

基本上，這是設想未來的高級版，因為你要在潛在客戶心中，創造你所銷售的好處確切無疑的印象。例如，你從事金融業，你可能說：「噢，小張，你會靠這個賺錢，但更重要的是，我在新股發行和套利操作等方面，可以長期為你服務。」

換句話說，你利用聲調，暗示你的產品或服務會賺錢的事實，實在是太顯而易見了。

接著我們要談十種深具影響力核心聲調中的最後一種，這種聲調叫做**「我對你的痛苦感同身受」聲調**＊——我偶爾會把這種聲調叫做柯林頓聲調，因為他徹底精通這種技巧。＊

基本上，你要找出潛在客戶主要和次要痛點，有必要放大這種痛點時，你會利用這種聲調。

如果你這樣做時，用的是帶有侵略性或沒有同情心的聲調，你會立刻切斷和潛在客

＊請上 www.jordanbelfort.com/tonality 網站，聽聽這種聲調。

戶之間的融洽關係，變成他們討厭的人。但是，如果你利用「我關心」的聲調，他們跟你的關係會變得更融洽，因為他們會直覺地強烈感到你了解他們、真正關心他們。

這種聲調的關鍵是要表達你的同理心和同情心，是你真正感受到他們的痛苦，很想幫助他們解決問題，不是只想賺佣金而已。

接下來，我們要討論肢體語言。

8 如何精通高級肢體語言

你是否碰過真正討人厭的人？這種人光是在場，就會讓你覺得極為不舒服、極為不平衡，以至於如果你還是小學生的話，你會要求同桌同學給你打個預防針，對吧？

對於不是美國東岸長大的人來說，預防針是幻想中朋友替你注射的東西，可以保證你不感染另一個小孩的怪毛病，怪毛病的病徵包括穿七分褲、挖鼻孔還把東西吃下去，喜愛化石、最後一個入選運動隊伍、說話時手臂亂揮動、至少四十多公尺外就傳來討人厭的怪味（順便要說的是，強烈建議沒有感染怪毛病的小孩，要以最大的同情心，對待感染怪毛病的人，因為長大後，他們有百分之九十九的機會，要在某個有怪毛病的人手下工作）。

總之，我敢說，你在人生的某個階段，全都碰到過引發你內心負面反應的人。我現在要你做的事，就是回想你第一眼看到那種人、身上第一次湧出極度痛苦感覺的那一刻，你幾乎可以確定讓你緊張、不安的，不是這個人的言語或聲調，而是他的肢體語言，他們的樣子、行為、走動、跟你握手、不敢看你、站得太貼近你的方式，全都引發震撼你內心深處的警訊。

基本原因是：非言語溝通的力量比言語溝通大十倍，還會以雷霆萬鈞的力量，打擊你的內心深處。思想、感覺、意圖之類的東西，全都會在你移動身體的方式中表達出來，會藉著你對空間和時間的管理、姿勢、外表、手勢、臉部表情、目光接觸、甚至從你的味道中，表現出來。

這一切都在你跟別人當面接觸、他們第一次看到你的那一刻，在你的腦部以百萬分之一秒的速度處理。我沒有說肢體語言能夠這麼有效地幫你完成交易，我說的是無效的肢體語言會破壞你的交易，會阻止你或妨礙你跟別人建立融洽關係；他們一看到你的樣子，就會退避三舍。

別人第一次看到你時，他們的判斷指標會在二十四分之一秒內上升、下降，他們會看你的臉孔、看你行動的樣子，然後下判斷。基本上，他們會把你拆開，放在腦海裡處理，再把你拼湊回來，對你做出判斷。

別人可能判斷你是精明能幹的人，希望跟你打交道，或是覺得你討人厭，認為你不是專家，不精明、不熱心，他們不希望跟你打交道。這一切都是你要建立緊密融洽關係時的要素。

下面的例子會說明什麼樣的肢體語言討人厭，這是我到我最愛城市之一的澳洲雪梨舉辦研討會時發生的事情。我剛剛花了一大段時間，詳細探討肢體語言，深入說明目光接觸的細節，說明如何握手，站的地方應該離別人多近。

我花了十五分鐘，談站的地方應該離別人多近的最後主題時，還把聽眾叫到台上，讓他們自己體驗別人侵入他們的個人空間時，他們會覺得多難過，因此每個人都得到提示，都表現得恰到好處。

然後我說要休息一下，我走下講台時，有個怪異的澳洲人追著我，還用濃厚的澳洲腔英語說：「喲，夥伴、夥伴、夥伴！」人直接逼到我的臉上，我心裡想：「唉，天啊。」這個人一面侵犯我的個人空間，一面說：「我有這樣東西、我有這樣東西，夥伴、夥伴、夥伴。」我裝做沒聽見，還遮住臉孔，擋住噴過來的口水時，這個傢伙拚命解釋他稱為「快捷廁所」的革命性發明。

「快捷廁所」？充其量只是五歲小孩用的流動廁所，他還想當場展示這種木製小型廁所的用法。總之，我長話短說，最後，他不只攔住我，也攔住我的澳洲籍經紀人、研討會主持人和我們身邊的每一個人。他對每一個人都是直接迫近，把臉逼到別人臉上，每一個人走開時，都抱著完全相同的心思：「我不懂他的產品，但是我永生永世都絕對不願意跟這個傢伙打交道。」

基本原則是：肢體語言不能幫助你完成交易，但是錯誤的肢體語言會摧毀成交的機會。

個人的內心辯論都從非常基本的觀察開始，也就是從觀察你的面貌開始，然後會根據觀察結果，迅速做出決定。這樣很像我們討論直線銷售結構第一項的情況一樣，大家全都會回到以貌取人的老路上，辯論你多體面整潔、服裝是否得體、穿戴多少珠寶。我們怎麼穿著、頭髮多長、怎麼整理儀容、怎麼握手，對於別人怎麼看我們或我們怎麼看別人，都有重大影響。

例如，男士穿西裝、打領帶時，我們立刻認為他是善於自我管理的人，也可以說是掌握權力的人。女性也一樣，雖然我們剛剛說的是女性穿的權力套裝，但長褲套裝或裙子套裝也很得體，只是裙子的長度不能高過膝蓋上緣，而且化妝、珠寶或香水不能使用過度，這種東西太多，會破壞女性的信譽。

請記住，無論男女，性感都有賣點，但是只有在杜嘉班納（Dolce & Gabbana）或卡爾文．克雷恩（Calvin Klein）的廣告中能夠賣錢，在職場上行不通。如果男性或女性希望別人嚴肅看待，去上班時，就不能穿得像要去夜店一樣，或是像剛剛從健身房出來一樣，這種服裝會發出錯誤的信號，破壞個人的信譽。但是俗話「好好包裝自己」的整體觀念，涵蓋的範圍遠遠超過衣服和香水，貫穿每一件事情。

我們從男性臉上的毛髮說起好了。

長度超過平整修剪過的所有鬍鬚或短髭，都應該刮乾淨，否則會給人不值得信任的感覺，也暗示缺乏自重、不注重細節。其中當然有一些例外，例如你以銷售哈雷機車為生，或是住在留鬍子的中東地區。但是一般說來，臉部毛髮凌亂絕對是禁忌。

對女性來說，跟鬍子亂糟糟相等的問題，應該是某種極端做作的髮型，問題純粹出在過度，這樣會讓別人想到：「這個人有什麼問題？」配戴過多珠寶是同樣的問題，對男性和女性都是重大缺點，但是原因截然不同。

以讓人產生不信任感覺的東西來說，你猜男性配飾中最糟糕的東西是什麼？

答案是粉紅色的戒指，尤其是鑲著一顆大鑽石的粉紅色戒指。說到讓人感到不信任，沒有什麼東西比粉紅鑽戒更毒了，這種鑽戒明確發出你是騙子的味道，是唯利是

圖、穿著昂貴西裝……又戴著粉紅色戒指的騙徒

雖然如此，粉紅色戒指其實很適合某些場合，例如，如果你是賭場的老闆，或是在珠寶店裡工作。這種情形叫做**因地制宜法則**，和我所舉的哈雷機車例子相符。換句話說，最好的穿著原則是穿出你所屬職業的風格。

例如，水電工上門替你估價時，不應該穿西裝、打領帶。原因不但是這種穿裝打扮很離譜，也是因為你可能從這種穿著中，得到他可能會報價過高的提示，因為他需要多做幾套西裝的治裝費！

相反的，如果水電工上門時，穿著極為邋遢，那麼你很可能擔心，他工作起來，可能像他的人一樣馬馬虎虎。誰也不希望水電工程做得隨隨便便。根據因地制宜法則，他應該穿著清爽、乾淨的制服，前面配有公司標誌，襯衫上應該繡有個人姓名。手上應該拿著寫字板，上面應該有空白估價單，隨時準備填寫。

男性保險業務員應該穿西裝、打領帶，應該噴一點點古龍水，但是不能噴太多，以免被人當成騙子。女性保險業務員應該穿著權力套裝，略微化妝，戴點珠寶，顯示她以自己的容貌為榮，卻不受容貌限制。而且她應該提著皮製公事包，卻不能提著愛馬仕皮包或鱷魚皮包。如果她喜歡香水，那她可以噴一點點。

一旦你了解背後的原則，這一切其實相當容易做到。回想這麼多年來，你遇到過違反這些原則的所有業務員，包括股票營業員、保險業務員、不動產仲介和汽車業務員……他們都忽視這些容易改正的錯誤，難道你不覺得奇怪嗎？

有趣的是，當時你想不通自己為什麼不信任這些人，覺得他們不關心你的最高利益。但是你現在知道了，而且事後回想，一切似乎都相當明顯。像這樣的工具會幫助你，很快的跟別人建立潛意識中的融洽關係。

但是我們不要躁進，現在只要記住，跟別人建立融洽關係，主要是靠聲調和肢體語言，不是靠你的言語。就肢體語言來說，我談過要好好包裝自己，但是有關的東西實在太多了，例如，男性和女性對某種肢體語言的反應，就大不相同，規則當然會跟著改變。

我們要從空間意識談起，如果你處在男性對男性銷售的狀態中，那麼你會希望站成所謂的微斜角度——意思是你希望以少許角度，站著面對另一位男性，而不是直接面對著他。男性面對另一位男性時，會激發很多衝突和敵意的感覺，立刻消解兩個人之間的融洽關係。因此，為了避免這種事情，你應該以微微斜著的角度，對著另一位男性站著，這樣立刻會有效地解除對方的武裝。

如果你是男性，你偶爾可以自己試上一試，你會很驚訝地發現，以微斜的角度站著，感覺上比跟另一位男性面對面站著自然多了，你用微斜的角度站著時，幾乎像是把氣球裡的空氣放出來一樣，你會感覺壓力立刻解放了。

但是和女性溝通時，情況正好相反。如果你是男性，要設法影響女性，女性會希望你站在她前面，直接面對著她，還要把手放在腰部上方，讓她看得見。

相反的，如果你是以女性的身分，設法影響另一位女性，那麼你絕對希望像男性對男性一樣，站成微斜的角度；然而，如果你想要影響的人是男性，那麼你一定希望站在他前面，直接面對他。無論如何，你都不希望變成令人害怕、侵犯別人個人空間的「空間侵略者」（這種人通常也會亂噴口水！）。在西方世界裡，個人空間大約有二．五英尺到三英尺（七十五公分到九十公分）。你跟潛在客戶站在一起時，會希望你和他之間，至少維持這樣遠的距離，否則的話，你可能被人當成「空間侵略者」。亂噴口水的空間侵略者會讓你想拿出傘來，阻擋口水。

但是，空間侵略者有個例外的地方，就是亞洲，亞洲人通常會站得稍微貼近一點，距離大約比西方人少十五公分。

亞洲文化像所有獨一無二的文化一樣，有著自己的標準。因此，一般說來，亞洲人特別注重肢體語言，在建立地位時尤其如此。以正式的鞠躬為例，誰鞠躬的角度比較低、誰先抬起頭來，立刻確立了一群人的權力階級。對亞洲文化來說，鞠躬是打招呼成功的基礎，類似美國人的握手，因此，你握手的方式所洩漏跟你有關的資訊，比你想像的多很多，可以讓你跟別人迅速建立融洽關係，卻也可能徹底破壞這種可能性。

你是否碰過別人握住你的手，把你當布娃娃一樣大搖特搖呢？你站立不穩、頭髮晃動時，心裡在想什麼，不是類似「這個人有什麼問題？」之類的話嗎？

別人這樣跟你握手時，可能認為自己是要用手讓你留下良好的第一印象，實際情形並不是這樣，事實上，這樣只是讓你覺得奇怪，不知道他們想要證明什麼。想下馬威嗎？還是想威脅我？相反的，所謂的死魚式握手方式也一樣，這種方式是別人把廢掉的手伸出來，像煮過頭的一條義大利麵條一樣垂在那裡，好像他們毫不在乎似的。我們痛恨這種握手方式，是因為這樣其實是最終極的下馬威握手方式，好像在說：「我不在乎你怎麼看我，我的地位遠比你高多了，因此你甚至不值得我用適當的方式跟你握手。」

要增進融洽關係，最好的握手方式是合作式握手，這是基本上中立的握手方式，你的手直接碰觸別人的手，你不在別人之上，也不在別人之下，你們處在平等地位上，你要用相同的力量，回應對方的握力，這是整體互相配合、建立融洽關係策略的一環，跟進入和停留在潛在客戶的世界有關（稍後會再深入探討）。在這種情況下，配合表示如果有人堅定的握你的手，你應該同樣堅定的回握——到一定的上限為止。

我的意思是你不希望落入跟別人較勁的狀況中，不是在別人非常出力跟你握手時，試圖用更大的力量奉還，然後對方回報你更大的力量時，你再加力奉還。你不希望像「好，大人物！我要讓你好看！」的樣子，最好讓他們的力量比你稍大一些，同時維持良好、堅定的眼神接觸，好讓對方知道他們恐嚇不了你。

談到眼神接觸，這裡要說明一個有趣的事實：如果你跟別人維持眼神交流的時間，沒有占到你們接觸時間的百分之七十二以上，那麼別人不會信任你。很多人針對這一點做過詳細研究，七二％就是他們研究出來的數字。你可以上網搜尋，超過這個數字，你會有陷入跟別人怒目相對的風險。

神奇數字是百分之七十二，這樣足以顯示你很關心，也努力從事對話，卻又不太過分。基本上，這樣沒有過分到像你要證明什麼一樣。

還有一件事跟肢體語言有關，就是要注意你手臂的位置，雙手抱胸可能傳達出不接受新觀念的意思，手臂位置——抱胸或放開——是肢體語言中最基本的因素，而且顯然很容易看出來。

別人光是雙手抱胸，其實不表示他們一定不接受新觀念，你很清楚，他們可能感冒了。如果我能夠選擇，我當然希望潛在客戶張開雙臂，而不是抱胸。在其他條件不變的情況下，這樣通常確實表示別人比較願意接受你的想法，但是我一定不會把這種樣子當成終極指標。

你注意肢體語言時，會看到一些有趣的現象，例如，如果我雙手抱胸，坐在你前面，然後再把雙手放下來，你可能跟著照做，甚至不知道你這樣做過，這不是什麼絕地武士的移心術，而是叫做**同步和引導的技巧**，是比我前面談握手時所說的配合還高一級的做法。基本上，你靠著同步和引導中的同步做法，可以讓配合程度更上一層樓，也就是藉著同步和再同步，引導別人走向你希望他們去的方向。同步和引導做得正確時，是極為有力的策略，而且同時適用在聲調和肢體語言上。

積極傾聽和配合藝術

我們更深入探討同步和引導前，要先討論積極傾聽的重要觀念。這種聽話方式確實有助於你跟別人建立融洽關係，大家在聲調和肢體語言上，最大的誤解是：認為只有在行動和說話的人是你時，這兩樣東西才會發揮作用，事實上，別人跟你談話時，你怎麼移動身體、怎麼表現臉部表情、怎麼微笑、怎麼小聲發出各種咿呀、唔唔的聲音，都是我所說積極傾聽技巧中的一環，也是跟別人建立融洽關係的有力方法。

我們先談潛在客戶說話時，你該怎麼點頭這種小事。你點頭時，表示你聽懂了對方說的話，你同意他的說法。臉部表情也一樣，例如，潛在客戶談到他們覺得非常重要的事情時，你希望直視他們的眼睛，你自己的眼睛則略微瞇一點點，嘴巴歪向一邊，然後偶爾點一下頭，嘴巴發出「啊、是、我懂了」之類的聲音。

如果你對我解釋你的問題時，我表現這樣的肢體語言，你會怎麼看我？會認為我真的有在聽你說話嗎？我真的關心嗎？

當然如此。

還有其他臉部表情——像緊緊抿著嘴唇、把頭放低一點點，暗示你覺得悲傷，緊緊抿著嘴唇、慢慢地點頭，表示同情和同理心。美國前總統柯林頓是這種肢體語言的大師，他在巔峰期間，絕對是這方面最高明的大師，他一天至少要跟別人握手一百次，而且他只有片刻時間，贏得別人的信任，卻每次都能達成任務。看來他在和你握手那一刻，你就掉進他的魔力圈中了，你覺得他真的關心你，覺得他能感受到你的痛苦。

至於嗯嗯啊啊、是是是之類的聲音提示，在維持已經建立的融洽關係上效果更大，會讓潛在客戶知道你仍然同意他的話，你聽懂他的話。在電話上交談時，因為不能依賴肢體語言，因此聲音提示甚至更重要，這時，小聲的嗯嗯唔唔是潛在客戶講話時，跟他保持融洽關係的唯一方法。

不過你們當面接觸時，你也可以利用「配合」的技巧，基本上，配合是潛在客戶表現出某些生理狀態時，你要採用相同的樣子，這樣做的例子包括他們身體的姿態、姿勢，也包括他們的呼吸速率，連他們眨眼的速度多快，都可以配合。

要跟別人建立融洽關係，配合是極為有力的工具，如果你們是當面接觸，你可以配合對方的肢體語言和聲調時，更是如此。但是，如果你不但把配合焦點放在聲調上，也放在他們的講話速度，以及包括俚語在內的字眼上，那麼在電話上這樣做，可能也極為有效。

你覺得我說的模仿令人毛骨悚然之前，我們要來複習一遍。你不是在模仿，是在「配合」別人，兩者的差別很大，模仿別人叫做反映，實際上是你在潛在客戶做出什麼身體動作的當下，設法立刻反映他們的動作，如果他們抓抓鼻子，你也抓抓鼻子，要是他們蹺起腳來、往後一坐，那麼你也蹺起腳來、往後一坐。這樣做真的會讓人毛骨悚然，我根本不喜歡做這種事。

但是我喜歡配合，就是如果潛在客戶往後坐，那麼你在五或十秒後，也慢慢地、隨意往後坐。這種做法最後都會變成相似性，也就是大家希望打交道的對象大致跟自己相像，而不是跟自己不像。你以進入潛在客戶目前所在天地的方式，開始這種程序，會為你們建立融洽關係做好準備。然後，你希望跟他們同步、再同步後，引導他們，走向你希望他們走的方向。如果你能夠正確運用這種程序，這種做法確實是有力的工具。

請記住，除了同步──同步──引導的方法外，也有人採用同步！再同步！怪異引導的方法。我就是用這種高度誇張的忍者方式，把這種方法教給大家，我這樣說，意思是他們看不出這種情形會出現。別忘了，同步是人生中必須完全正確做對、否則就不會有效的事情，但是你完全做對時，你看著吧！這樣不但會讓你跟別人的關係變得水乳交融之至，也會協助你，把別人的情感狀態從負面變成正面，而且提高他們的確定水準。

我喜歡說一個跟這一點有關的故事，就是我兒子卡特練完足球回家時，對隊上一位很喜歡單刀赴會攻勢的隊友氣瘋了的故事。那天晚上，我的未婚妻說：「卡特確實真的非常生氣，你怎麼不下樓去，看看能不能讓他平靜下來？」

我沒有這樣做，沒有下樓，表現出溫柔、同情、想讓他平靜下來的樣子，也沒有把聲音放低，跟孩子說：「兄弟，你聽我說，我知道你現在氣極了，但是你不應該讓別人把你氣成這樣，這樣對你不好。」

我為什麼不這樣做？因為這樣他會更氣，他通常會說：「不要生氣嗎？你說不要生氣是什麼意思？那個傢伙真是他媽的自幹王！我討厭他！每個人都討厭他！應該把他趕出球隊！」然後我說：「哇、哇、哇！兄弟，冷靜一下，這件事沒什麼大不了，放輕鬆一下。」這時他會更氣，通常會說：「狗屎！這件事是大事！我才不要安靜下來！」

在他十分惱火的時候，如果我試著用冷靜的樣子進入他的世界，只會讓他更生氣。因此我改用配合的方式，走路時表現出跟他一樣惱火和生氣的樣子，事實上，我顯出比他還氣的樣子，聲音轟隆作響，喊著：「到底是怎麼回事？卡特，我知道那個渾球小子是自幹王！我們應該立刻想個辦法！我們應該打電話給教練，把他趕出球隊嗎？」

然後，他會像我知道的一樣配合我，變得像他想像中那麼火大，叫道：「對，我們打電話給教練！把他趕出球隊！那小子是討厭鬼！」這時，我接著說：「對，就這麼辦，兄弟！」就像這樣，我開始降低音量，發出比較同情的聲調，然後難過的搖搖頭說：「兄弟，我不知道，我不知道什麼原因讓他變成這樣，你認為他有情緒問題嗎？」然後，我進一步放軟聲調，加上一句：「真可惜。」

卡特當然也開始難過的搖搖頭，用類似我的同情聲調說：「對，的確是這樣，老爸，我猜我應該替他難過，他很可能真的不快樂。」

就像這樣，他平靜下來了。

配合可能是讓任何人都能平靜下來的方法，也是讓人對什麼事情覺得興奮或覺得一定是這樣的方法。你只要進入他們的世界，然後跟他們同步、再同步後……就可以引導他們，走向你希望他們所走的方向。

同步和引導不是我發明的，這種做法從人類開始溝通的遠古時期就出現了。所有偉大的溝通大師都會這樣做，而且是連想都不想，就自然這樣做了。但是任何人只要知道規則，都可以學習這種技巧。

請記住，直線銷售說服系統會同時收集情報和建立融洽關係，系統的下一步跟潛在客戶對你說的話比較有關，跟你對潛在客戶說的話比較無關。事實上，解釋這一點最好的方法是透過簡單卻非常有力的練習。

現在該是我賣鋼筆給你的時候了。

9　如何專精銷售探查的藝術

「想辦法把這支筆賣給我！」

我首次對一位自信滿滿的年輕業務員迸出這句話時，人坐在史崔頓公司裡我辦公室的桌子後面，我聽到的是一段很有力的答覆。

「你看到這支筆了沒？」我們新錄用的這位年輕人很有自信，聽起來像剛剛離開二手車賣場一樣。「這是錢所能買到最神奇的筆，這支筆可以倒著寫字，墨水絕對不會用完，放在手上的感覺非常棒。」

「拿去，你自己徹底檢查一下；告訴我這支筆的感覺有多棒。」說著，他從座位上向前傾，把手伸過辦公桌，把我不久前才交給他的拋棄式原子筆，交給我測試。

我抓起筆把玩，讓筆在我手指間滾動了幾秒鐘，才滑到平常的寫字位置。

「相當神奇，對吧？」他逼問著。

「感覺就像一支筆嘛。」我平平淡淡地回答。

「我的意思正好是這樣！」他不理我的冷淡答覆，喊著說：「好筆應該就是要有這種感覺——好像跟著你好多年一樣。」

「總之，你和這支筆好比天造地設一般的速配，因此我要告訴你我要怎麼辦，我要照正常售價打七折賣你，但是——」他舉起右手食指，停了一會兒，又說：「只限於現在就買，否則就要漲回原價。」

「無論如何，這都是非常棒的交易，甚至還有三成的折扣，真是本世紀最好的交易，你說是嗎？」

「我怎麼說，是嗎？」我嗆聲說：「你是指在你滿嘴明白的胡說八道之外，我有什麼話要說，是嗎？」

沒有回答，我們公司這位新進人員動也不動，坐在那裡，一臉驚慌。

「我說的不是反問句，你希望我不理會你多麼會胡說八道，是嗎？」

他慢慢張開嘴巴，想說話，卻一個字也說不出來，只是坐在那裡，張著嘴巴。

「我會認為你那樣子代表你說是，」我決定放過這個小傢伙，因此繼續說：「噢，我們暫時把這種小事放在一旁，我要說的是，我現在根本不想買筆。

「我不想要筆、不需要筆，還幾乎很少用筆；說實話，如果我居然決定出門買筆，也不會買這種爛筆，我很可能會選萬寶龍之類的筆。」

「但是，這種事你怎麼可能知道呢？」我鎖定這場練習的重點，繼續說：「事實上，你怎麼可能知道我的半點事情？從你張開嘴巴那一刻起，你就滔滔不絕，說的全是一大堆廉價的推銷用語。」

「『這支筆這樣，』我脫口而出，模仿他那種二手車業務員的饒舌腔調，說著：『這支筆那樣，這支筆可以倒著寫，這支筆像你失散已久的兄弟』……如此如此、這般這般、該死的喋喋不休。即使你不管這種話聽起來多麼荒唐，難道你沒有想到，或許你可以問我幾個問題，才開始把筆塞進我的喉嚨裡嗎？例如，我是不是買過筆？我心裡有沒有什麼價位？我比較喜歡哪種筆？」

「我是說，你要想一想：你怎麼可能對我一無所知，就要想辦法賣東西給我？這樣完全違反邏輯。」

我的準員工怯懦地點頭說：「那麼，我應該怎麼說呢？」

「你說呢？」我頂了回去。

這時門打開了，波路西穿著一套二千美元的西裝，帶著憤世嫉俗的表情，走進辦公室，開口說：「你們快搞定了嗎？」

「快了，」我回答說：「但實際上我很高興你闖進來，你的時機拿捏得完美極了，我需要你幫點小忙。」

「什麼事？」他謹慎地回答。

「我希望你把這支筆賣給我！」說著，我從桌上抓起另一支筆，手向他伸過去。

波路西看了我一眼。「你希望我把一支筆賣給你，真的是這樣嗎？」

「對，告訴這個小孩應該怎麼賣，把這支筆賣給我。」

「好，我會賣給你，」他一面喃喃說著，一面拿起筆來檢查一下，然後立刻改變風度，對我發出熱情的笑容，用恭敬的聲調說：「噢，告訴我，喬登，你買筆的歷史有多久？」

「我不買筆，我也不用筆。」

「真的嗎？好，那你可以把你的爛筆收回去。」他快人快語，把筆丟回我桌上。

然後他看看那位年輕人，說：「我不賣東西給不需要這種東西的人，這種事我會叫像你這樣的新手去做。」

這個故事的教訓似乎非常明顯，實際上卻比你看到的多多了，所以我要一個、一個的談，先從顯而易見的地方談起。

首先，你現在應該很清楚，只有傻瓜，才會想把什麼東西賣給不需要或不想要這種東西的人，這樣做純粹是浪費時間。

奉行直線銷售法的業務員或任何業務員，絕對不會考慮做這種魯莽的事情，反而會盡快、盡可能有效率地篩選潛在客戶，區分有興趣和沒興趣購買的人。

以一般的銷售術語來說，這種篩選過程叫做「確定潛在客戶的資格」，主要方法是由業務員對潛在客戶提出一系列問題，再根據潛在客戶的答案，判定是否符合資格。

從各方面來說，這是事先準備好的過程，做法很簡單，具有功利主義的色彩，問題很中肯。如果潛在客戶回答問題時，顯示他們需要你所銷售的東西，又買得起，就會變成合格的潛在客戶，就是這麼簡單。

你利用直線銷售說服系統時，「合格」這個字眼絕對不會用嘴巴說出來，否則就會面臨……噢，不是死刑的處罰，卻至少是遭到羞辱的懲罰。

我們把這種過程叫做**「直線銷售式的探查」，我們主要是靠著收集情報的方式，進行篩選。**

你可能還記得，我在第二章結束、快速倒敘我發明直線銷售說服系統那天晚上的情形時，曾經談到這個問題。

當時我解釋說，你收集情報時，凡是跟潛在客戶有關、又跟完成交易有關的所有事情，都是你希望了解的，包括他們的需要、信念、價值觀、價值觀的層次（就是每一種價值觀的相對重要性）、過去跟類似產品的經驗、跟其他業務員的經驗、個人財務狀況（就買得起你的產品而言），以及他們的主要與次要痛點。

此外，我那晚解釋過、現在希望再次強調、希望更深入探討的是：你收集情報的能力直接涉及你在最初四秒內，給潛在客戶的第一印象多有力。

換句話說，潛在客戶會坦率回答你的問題，一定是因為他們認定，你是你所屬領域中真正的行家，也是因為你表現的信心滿滿，辯才無礙，又滿懷熱情（和含蓄式的熱心），讓他們毫無疑問地覺得你的話值得聽，覺得你可以幫助他們達成目標、解決他們的痛苦。

如果不是這樣，潛在客戶根本沒有理由浪費時間，對你推心置腹，或是冒著可能喪失隱私的風險。因此，他們對你問的問題，只會提供敷衍性質的答案，但是他們比較可能做的事情，是試圖控制銷售過程，使事情陷入失控狀態。

下面這種情形我見過不下一千次了：

新手業務員設法確定潛在客戶的資格，卻碰到潛在客戶以問代答，使整個狀況陷入一團混亂，這是我在第二章末用拳王泰森比喻的完美例子，唯一的差別是，你不會受到密如雨點的重拳攻擊，卻會受到連續不斷的毀滅性問題攻擊——說是毀滅性，是因為這些問題會害你偏離直線銷售的正道，白日飛升到天外天，或是沉淪到無底深淵。

相反的，你掌控大局時，密集攻擊會停下來。潛在客戶知道自己面對相關領域的行家時，會被迫聽從你的命令，讓你盡量多問你覺得必須問的問題，不會阻撓你。

最後這一點絕對重要之至，因為在沒有阻撓的情況下，你可以用妥善的方式和順序問問題，十分順利地完成對雙方有利的情報收集，同時強化你建立融洽關係的能力，不過我這樣說有點太快了。

探查過程是直線銷售結構的各種步驟中，可變動因素最多的步驟，因此要教導這一點，最有效的方法是從大局開始教起。

我要暫時淡出，先從行銷和銷售如何相輔相成，把公司產品與服務變成現金的角度，快速綜合檢討兩者的關係，也說明直線銷售法的探查步驟如何充當兩者之間的橋梁。

基本上，等式的一邊是行銷，另一邊是銷售，行銷的目的是：

1. **研究市場，找出特定產品最好的潛在買主，這種過程簡稱探查。**
2. **發展具有成本效益的策略，把公司的訊息傳達到最多的潛在客戶面前。**
3. **在公司訊息中，加入某種供貨建議、誘餌或採取行動的呼籲，促請最多的潛在客戶進入公司的銷售管道。**

4. **跟業務部門合作，確保管道的無縫轉換，使潛在客戶變成客戶。**

在今天的世界上，行銷有兩種。

第一種是**線下行銷**，這種行銷包括所有在線下發生的一切活動，項目包括電視和電台廣告、報紙雜誌廣告、看板廣告、直銷郵件、電話行銷、網路行銷、教育行銷、上門推銷等等。第二種是**線上行銷**，包括在網際網路上發生的一切活動，項目包括谷歌廣告、臉書廣告、推特廣告、YouTube 廣告、橫幅廣告、蓋版網頁、收前同意電子郵件、重定向廣告、群發式電郵廣告、聯盟行銷、搜尋引擎優化行銷等等極多的行銷方式。

就像我說的一樣，不管公司決定採用哪種行銷模式，最終目標總是相同，就是要為公司的銷售管道帶進最多的合格買家，交由銷售部門把他們變成客戶。

相當簡單，對吧？

其實不見得。

總之，不管你多麼小心地鎖定行銷攻勢目標，都不可能讓進入銷售管道的每一位潛在客戶變成合格買家。事實上，在大部分情況下，即使只有一半潛在客戶變成合格買家，你都可以偷笑了。

基本上，直線銷售探查要做的就是這種事情，就是篩選進入銷售管道的人，剔除沒有資格購買的人，以免你浪費時間，對他們做全面的銷售說明。

因此，任何行銷攻勢中，都會有四種買家進入銷售管道，我把他們叫做四大購買原型。

第一種原型叫做**激情買家**。

基本上，這種潛在客戶是動機最強烈的最好買家，他們想要又需要你的產品，而且還買得起，可以從中得到好處。最重要的是，他們準備立刻就做出購買決定。

激情買家像所有合格買主一樣，有著某種需要解決的痛苦；但是他們跟其他人不同的是：他們已經下定決心，要採取行動，對付痛苦。換句話說，他們已經等得夠久，準備行動了；他們根本不願意再忍受需求無法解決的痛苦，因此決定積極主動。

這群現成買主唯一的缺點是人數不多。看你所屬行業和行銷攻勢如何鎖定而定，你會發現，所有進入銷售管道的潛在客戶中，有百分之十到二十的人屬於這一類，剩下的人散布在另外三類中。

第二種購買原型叫**掌權買主**。

這種人是第二好的買主，和激情買主相比，掌權買主的意識中，不覺得自己未滿足的需要會帶來什麼嚴重的痛苦，因此缺少激情買主那麼高的急迫性。

換句話說，掌權買主絕對願意購買你所銷售的產品，缺乏急迫性卻使他們覺得，自己好像處在掌權的地位上，因此他們在結束到處採購、確定已經找到絕對最好的解決之道前，不會採取行動。

不過這種人似乎是絕佳的潛在客戶，人數也比激情買主多多了！一般說來，進入你們銷售管道的所有潛在客戶中，大約有百分之三十到四十的人，屬於這一類。

最後，激情買主和掌權買主這兩種人，會通過情報收集階段，繼續向銷售直線的前方前進。剩下兩類潛在客戶需要盡快剔除，尤其是第三類潛在客戶：

只看不買的奧客。

這種人也叫「踢輪胎的人」，是進入你們銷售管道中最危險的潛在客戶，他們的破壞性會這麼大，是因為他們假扮成掌權的買家，行動起來，像對你們的產品十分有興趣，實際上卻無意購買，因此他們在收集情報階段中，會繼續在銷售直線上前進，而不是一如預期的遭到剔除。

他們最後會造成雙重傷害：

第一種傷害最明顯，會害你浪費大量時間，為無意購買的潛在客戶，進行完整的銷售說明。第二種傷害更嚴重，是會在新手業務員設想他們的成交比率為什麼這麼低時，造成混亂和負面的情勢，業務人員會問自己：「我有什麼地方不對？」是自己的宣傳辭令不對？還是說理不夠有力？是情緒性問題？還是業務員在處理反對理由的最後階段搞砸了？總之，潛在客戶從頭到尾興趣昂揚，不斷發出要購買的信號，最後卻不掏錢。

你看出其中的問題了嗎？

業務員不知道的是，銷售管道中大約有百分之三十到四十的人，是裝成掌權買家、實際上卻是專門浪費別人時間的人，害業務人員把大部分時間，花在對無意購買的潛在客戶進行銷售說明。

幸好要看出這種人不很難。

有四個明顯的跡象會警告你，說你正在奧客身上浪費時間：

1. **他們通常會問很多他們似乎已經知道答案的問題。**
2. **他們特別注意測試你所銷售的東西，幾乎到了過度測試的程度。**
3. **他們發出大量唔唔啊啊、是是是是的聲音，強化他們確實感興趣的意思。**
4. **問起他們的財務狀況時，他們不是十分過度自信，就是不必要的閃爍其詞。**

我要再說的是，強調大家要保持高度戒心，盡快看出和剔除奧客絕不為過，長久之後，你會避開很多痛苦。

接著要談的是第四種、也是最後一種購買原型。我把這種人叫做「誤入客」，或是叫做**「誤拉進來的客人」**。基本上，他們本來就不屬於你的銷售管道，他們不是按了不對的網頁，才錯誤地出現在你的業務網路上，不然就是被別人拉進銷售管道。

無論是哪一種情形，所有誤入客人都有一個共同特徵，就是他們從一開始，就無意進入你的銷售管道，因此，基本上，你沒有跟他們做生意的機會。

所以，簡單說，直線銷售探查有下述三大目標：

1. **看出奧客和誤入客人，盡快把他們從你的銷售管道中剔除。**
2. **從激情和掌權買主身上，收集必要的情報，然後繼續推著他們沿著直線銷售說服系統前進，到結束交易為止。**
3. **放大掌權買主的痛苦，好把他們變成激情買主。**

就第三點來說，有很多觀念值得在這裡討論，因此我們下一章要探討直線銷售探查的十種核心法則時，會回頭探討這一點。

接下來，我們要從理論上的直線銷售探查，進入實際應用的天地。

10 成功練就直線銷售探查十大法則

你正確從事直線銷售探查時，做的是下列四件事：

1. 你要用一系列經過策略性準備的問題，詢問和篩選銷售管道裡的潛在客戶。
2. 你要用這些問題收集情報，同時區分激情和掌權買家跟奧客和誤入客。
3. 你要繼續從激情和掌權買家身上收集情報，同時盡快從銷售管道中剔除奧客和誤入客。
4. 你要把激情和掌權買家轉化到直線銷售結構中的下一步，讓他們沿著銷售直線繼續前進。

十大探查法則的目的是要提供你所需要的一切資訊，以便創造實用的藍圖，方便你收集所屬產業的情報。

你檢視每一條法則時，應該不斷地把法則拉回來，跟你自己的情況建立關係，並針對你目前所使用的探查方法，進行必要的改變。因此，如果你有探查法腳本，或是有收集情報時要問的問題清單，你應該先拿出來放好，然後我們才開始探討。

法則1：你是淘金客，不是煉金術士

想像自己是老一輩的淘金客，想像自己跪在溪邊，拿著可靠的錫盤，淘洗篩選成千上萬加侖溪水，耐心等待夢想中的大塊金粒落入你的盤子裡。

我們在電影或電視上，看過這種景象無數次，看過鬍子蓬亂的老礦工，在小溪旁一直等待，只要他十分清楚金粒早晚會出現，他就會等待下去。

但是，他不是等待溪水變成黃金，這是煉金術士的工作，不是淘金客的工作。

你看出其中的意義了嗎？

溪水是溪水，黃金是黃金，兩者是截然不同的元素，彼此不會神奇地互相變換，跟奧客和誤入客不會變成激情和掌權買家一樣。

這就是業務員必須變成淘金專家、不能變成煉金術士的原因，其中根本沒有第二條路。

法則2：總是請對方准許你問問題

雖然這件事這麼簡單，所有未曾受過訓練的業務員，卻幾乎都忽略了這一點，原因完全是他們不知道，這樣會嚴重妨礙他們建立融洽關係。

情形很簡單，除非你請對方准許你問問題，否則你會冒著極高的風險，可能被人看成好像宗教大法官，而不是值得信任的顧問，像宗教大法官的人不會「關心你」，也不會「像你一樣」，但這兩點卻是促成融洽關係的重要力量。

還好，你只要記得總是請對方准許你問問題，就可以避免這種結果，就是這麼簡單。

事實證明，下面幾個句型直截了當，確實有用：

■「小張，我只想很快地問幾個問題，這樣我才不會浪費你的時間。」

■「小張，我得盡快問你一些問題，這樣我才能提供你最好的服務。」

■「小張，我得快快問你一些問題，這樣我才可以確實看出你的需要。」

上面任何一句例句都可以為你做好準備，進行不會咄咄逼人、卻又有助於建立融洽關係的收集情報工作。

此外，我希望你注意我在三句例句的後半部，怎麼利用「這樣我才……」的說法。我們把這種說法叫做理由，因為這樣證明了你有理由需要詢問潛在客戶，而不是出於好奇或多管閒事才問問題。

基本上，你為了把事情做好，有需要以專家的身分，知道某些事情。你藉著某個理由，可以把你的意思，大聲而明確地告訴潛在客戶，而且，這樣也會更有收穫地收集情報工作，做好準備。

法則3：你總是該利用腳本

這條法則我現在只簡短說明一下，因為整個下一章都要討論腳本的製作，以及腳本要怎麼融會貫通，變成連續一貫的說明稿。

你進行探查時，總是希望依據腳本提問，主因是每個行業都有本身獨一無二、必須按照一定順序發問的一套問題。

如果你想用急就章的方式發問，而不是事前把所有問題都精確地按照正確順序列出來，那麼你記得所有問題或按照正確順序全部問到的可能性，幾乎接近零，你犯的每個錯誤都會嚴重影響你收集情報的能力。

利用探查腳本還有另一個重大好處，就是因為你已經知道自己馬上要說什麼話，你的意識心靈就可以自由自在，把重心放在用正確聲調說出你要說的話，也把重心放在潛在客戶傳達回來的訊息上。

他們的臉部表情有透露什麼線索嗎？他們的聲調或一般肢體語言有什麼線索嗎？

下一章我們會更詳細地探討這一點，因此現在我們先進到下一條法則。

法則4：從侵略性較低的問題，進到侵略性較高的問題

先問沒有侵略性的問題，你會有機會靠著積極傾聽潛在客戶答覆的方式，開始建立融洽關係。這樣幾乎就像剝洋蔥一樣，潛在客戶對每一個沒有侵略性問題的答覆，都會創造更緊密的融洽關係，為你提出後續比較具有侵略性的問題做好準備。

我要用股票營業員向富有潛在客戶收集情報的例子，迅速說明什麼方法不對。

營業員在短短的簡介期間，藉著確立自己的專家身分地位後，掌控了銷售過程，然後在進到收集情報的階段時，改用理性的聲調，請求潛在客戶准許他問問題，潛在客戶的回答是「好，請說」。只要你確立了自己的專家身分，又用正確的聲調，請求對方准許你問問題，你從每位潛在客戶身上所能期望得到的答覆，幾乎就是這樣。

營業員現在說出了第一個問題：

「因此，小張，請告訴我，你目前有多少流動資金——包括你個人銀行帳戶和股市不同券商帳戶裡的資金？噢，順便要說的是，請你也把你名下的所有共同基金加進去，只要你能夠在七天內變現，都要加進去。」

「對不起？」潛在客戶以不敢相信的聲調急急回答說：「我甚至還不認識你，我到底為什麼要回答這種問題？」

「噢，對不起，」營業員用抱歉的聲調說：「我換說別的事情好了，包括任何資本利得在內，你去年的年所得是多少？」

沒有回答。

「只要約略數字就好，」營業員補了一句話，設法促請潛在客戶回答，「你可以大約——」

回答他的是喀嚓一聲。

「喂？」營業員對著掛斷的電話說：「還有人在嗎？小張？喂……喂？」

就像這樣，銷售還沒開始就結束了

潛在客戶氣呼呼摔電話的聲音，傳到營業員耳邊，他這樣做，理由十足。畢竟，營業員根本還沒有贏得問這種侵略性問題的權利，他不但缺乏必要的信任和融洽關係，也沒有得到人際溝通中一種無形因素的好處支持，這種因素叫做**去敏感作用**。

心理學家按照定義，說去敏感作用就是經過重複暴露後，對不利刺激的情緒反應會減輕。用一般人的話來說，意思就是我們通常會快速地習慣各種事物。

例如，只要經過幾分鐘的去敏感作用，本來會讓你極為反感的東西，例如不太認識的人問你的侵略性問題，你幾乎都不會覺得訝異；碰到向你收集情報的人時尤其如此，這是你突然發現你和問問題的人關係融洽，居中發揮了潤滑作用的結果。

我要再度極力強調，這種差異對於確保收集情報過程成功收場至為重要。

忽視這種事等於自找麻煩。

法則5：用正確的聲調問每個問題

我會在下一章，提供你一份附有正確聲調說明的問題清單，這些問題已經得到證明，應用在各行各業都很有效。

現在你只需要知道，每一個探查式的問題都有自己的「最佳」聲調，可以盡量提高潛在客戶說出最直率答案的可能性，同時確保你和他們維持融洽關係。相反的，如果你用錯誤聲調說出問題，潛在客戶頂多只會用敷衍的態度回答你，同時，即使你沒有徹底打斷雙方的融洽關係，卻也可能已經把這種關係降低了好幾級。

下面我快速地舉個例子。

假設你是壽險業務員，你到一位潛在客戶家裡，想說服他買終身壽險保單。因為壽險是以恐懼為基礎的東西，恐懼又是完成銷售的關鍵，因此你在收集情報時，特別重要的事情不但是要找出他的主要痛點，還要加以放大。

因此，你或許可以利用下面這個侵略性問題的例子，開啟找出對方痛苦來源的過程：

「噢，小張，考慮一切問題後，你在沒有壽險保單的情況下，最大的恐懼是什麼？害你晚上睡不著覺的事情到底是什麼？」

想像一下，如果你用冷酷無情、近乎挑釁的聲調這樣問，就像是罵他怎麼這麼愚蠢、這麼不負責任，居然沒有足夠的壽險保障一樣。你就像告訴他，「小張，你最大的恐懼是什麼？告訴我！告訴我！快說！說啊！告訴我！」

其實你當然沒有說這些題外話——告訴我！告訴我！快說！說啊！告訴我！——但是，因為聲調能夠替我們說的話添加言外之意，他卻清楚聽到這些話，也聽到自己的內心獨白在說：「這個傢伙是十足的渾蛋！他不關心我，不能感受我的痛苦，不同情我的困難。」

相反的，如果你運用「我關心」和「我對你的痛苦感同身受」的聲調，那麼潛在客戶聽到的言外之意一定是：「哇，這傢伙真的關心我，他確實真心想知道一些事情。」

因此，這裡要再說一遍，如果你問問題時，運用了錯誤的音調，一定會破壞你和潛在客戶的融洽關係，也會侵蝕你身為專家的信譽。相反的，如果你運用正確的聲調問問題，你們的融洽關係一定會增強，你的專家地位也會提高。

請記住，這一點適用在收集情報階段中的每一個問題，沒有一個問題「例外」。

法則6：在潛在客戶反應時，要表現正確的肢體語言

這條法則涉及我在第八章裡探討過的事情，當時我談過積極傾聽時的肢體語言原則，也包括我在本章法則四所談到潛在客戶回答你的問題時，你積極傾聽的能力，會變成你在收集情報過程中，跟潛在客戶建立融洽關係的關鍵策略，你的目標是：你準備過渡到銷售說明的主體時，要把融洽關係提升到很高的水準。

因此，你必須保持最高警戒，遵循我在第八章中為你列出來的所有積極傾聽法則。下面是簡化版的積極傾聽技巧清單，也是你在收集情報階段最常用的技巧。

1. **潛在客戶說話時，你要點頭，顯示你了解他們說的話，也同意他們說的話。**

2. **潛在客戶揭露跟他們非常切身相關的問題時，你要瞇著眼睛，抿著嘴唇，同時點著頭。**
3. **如果上述問題涉及潛在客戶的痛點之一，你的眼睛要瞇得更小，嘴唇要抿得更緊，同時要繼續慢慢地點頭，適時發出唔唔、啊啊的聲音，顯示你對潛在客戶的痛苦確實感同身受。**
4. **你問充滿感情的問題時，身體要向前傾，然後在潛在客戶回答時，要繼續向前傾（同時也利用我在第三點中說的技巧）。**
5. **問以理性為基礎的問題時，身體要往後靠，潛在客戶回答時，要繼續往後靠，一面點頭，一面若有所思抓抓下巴。**

上表假設的是當面銷售時出現的狀況，但是大家並非總是碰到這種狀況。因此利用電話銷售，碰到潛在客戶回答你的問題時，你的積極傾聽會簡化為發出各種唔唔啊啊和是是是是的聲音，這樣會讓潛在客戶知道你仍然同意他的看法，聽懂了他說的話。

法則7：總是遵循合乎邏輯的路線

我們的頭腦善於分析一系列的問題，判定別人是否用合乎邏輯的方式問問題，如果不是這樣，就代表重大警訊，顯示問問題的人不是行家。

例如，想像你聽到一系列意在收集情報的問題，順序完全跟下表相同：

1. **你住在市區裡的哪一區？**
2. **你是單身還是已經結婚？**
3. **你做什麼工作？**
4. **你住那裡多久了？**
5. **你有小孩嗎？**
6. **你最喜歡你們社區的哪一點？**
7. **你做的是自力營生工作，還是替別人工作？**

坦白說，如果有人在實際銷售狀況中，問你這些問題，等到你聽到第四題時，你內心的獨白應該已經以每分鐘超過一公里半的速度，急速離開，還會說著：「這個傢伙搞什麼鬼？他起初看來像專家一樣，後來卻說些不知所云的話。我要盡快結束談話，找真正的行家來，而不是找像這個傢伙一樣的冒牌貨。」

順便要說的是，如果你認為我誇大其詞，告訴你，絕對沒有！

話說回來，幸好這整個問題很容易避掉。

你只需要花時間，做一點策略性準備──意思是準備一份完整的探查問題清單，再根據不同的順序排列，到找出你認為最合乎邏輯的順序為止（相信我，你會覺得正確順序顯而易見，我已經把你的領悟水準提高，正確順序一定垂手可得）。

我們現在迅速利用上述問題，練習一下排列組合。如果你還記得，我原本刻意安排，好讓順序顯得不合邏輯，現在我希望你拿出紙筆（或是用智慧型手機或電腦），把七個問題用最合乎邏輯的順序排列出來。

排好後，你會看到下列正確順序。

1. **你住在市區的哪一區？**
2. **你住那裡多久了？**
3. **你最喜歡你們社區的哪一點？**

4. **你是單身還是已經結婚？**
5. **你有小孩嗎？**
6. **你做什麼工作？**
7. **你做的是自力營生工作，還是替別人工作？**

看看照這種順序排列的問題多麼合理。

事實上，不但每個問題會為下一個問題鋪路，而且潛在客戶的答覆，也會開始描繪他們生活中某些層面的樣子，讓你可以根據他們的回答，提出後續問題，得到愈來愈多的細節。

只是你要確定自己問後續問題時，要徹底問完相關的問題，才改問下一個問題。還有，不要在你準備的問題和後續問題之間跳來跳去，以免打破邏輯方向。

請記住，到了銷售接觸的這個階段，你的一個錯誤造成夠大的傷害，導致你被一擊倒地的情形已經極為罕見；比較常見的是遭到凌遲處死。

換句話說，你的每個錯誤或不一致，不論你是跳脫邏輯順序發問、運用錯誤的聲調、太早提出過度侵略性的問題，還是忘了積極傾聽潛在客戶的回答，都會緩慢而確定地侵蝕你辛苦建立的融洽關係，也破壞你的專家地位，到最後，再犯一個錯誤，就會像傳說中的一根稻草一樣，足以壓垮駱駝的背。

法則 8：用心記住他們的痛苦，但別幫忙消除

你查驗甄選潛在客戶的資格時，應該只是問問題和記住答案，這時你不希望消除他們的痛苦，反而應該放大這種痛苦。

請記住，痛苦是警訊，顯示他們的生活中有什麼不對勁的地方，有什麼需要採取行動解決的地方，因此，如果你在開始銷售說明前，就解除他們的痛苦，反而是重重地傷害他們。

換句話說，潛在客戶向你透露他們的痛苦時，你不必搭在前頭，說：「噢，太好了！你不必擔心！我的產品會消除你所有的痛苦，因此你沒有理由再難過，只要坐回去、放輕鬆，聽我解釋一切。」

如果你這樣做，就是拿磚頭重重地砸自己的腳。你這樣暫時性紓解他們的痛苦，等於把潛在客戶從激情買家，變成掌權買家，你會得到適得其反的結果。

相反的，你希望擴大他們的痛苦，問他們一系列實際上會讓他們設想未來的後續問題，迫使他們體驗如果他們現在不採取行動，解決問題，不久之後，會陷入更嚴重痛苦的現實。

這樣會確保潛在客戶不但了解不採取行動消除痛苦的後果，還會在心中感受到這種後果。

法則9：總是用有力的轉變結束說明

轉變的目的是在你進行直線式銷售說明時，推著潛在客戶沿著銷售直線繼續向前走，走到銷售過程中的下一步。

此外，這時也是你剔除奧客和誤入客、剔除不適於你產品的激情和掌權買家的時候。

事實很簡單，你不該帶著每一位掌權買家和激情買家，繼續在銷售直線上往前走。例如，如果你的產品不很適合他們，那麼你在道德上，就有義務把這種事告訴他們，解釋說你不能幫助他們，他們確實不應該購買。

你應該說的話類似下面這段：

「噢，小張，根據你剛剛告訴我的一切來看，這個方案並不特別適合你，我對這一點深感抱歉，但是，我不希望把你不會覺得興奮的東西賣給你。」如果你正好知道另一家公司可以幫助他們，那麼你應該指引他們過去。當然，你在道德上沒有義務這樣做，但是你確實應該這樣做。

請記住，今天不合格的潛在客戶，明天可能變成極為合格，你請他們另尋高明，可以形成無法計算的善意。事實上，我就碰過這種事——我才剛剛這樣做，還來不及離開桌子，潛在客戶就開始打電話給朋友，設法替我招徠業務；我也碰過一年後，接到我曾經這樣對待的人突如其來的電話，說他們準備買東西了。

現在我要談談等式的另一邊，談談你收集所有必要的情報後，已經百分之百確定你的產品可以消除潛在客戶的痛苦，改善他們的生活品質。

如果是這樣，你應該用和下面例句類似的簡單轉變法：

「噢，小張，根據你剛剛告訴我的一切來看，這個方案確實非常適合你，讓我來告訴你原因……」你也可以把「方案」換成「產品」，或是引用方案或產品的真正名稱。

如果是這樣，這段話聽起來應該像這樣：

「噢，小張，根據你剛剛說的一切來看，六十四吋的三星確實非常適合你，讓我來告訴你原因……」然後直接進入你的銷售說明主體部分。

法則10：留在銷售直線上；別脫離正軌

二〇〇九年，倫敦一家研討會主辦業者邀請我，為一家公司的二十位年輕業務員，進行私下的業務訓練，這些業務員都在艱苦掙扎，情形嚴重到幾乎什麼都不會。

第一天訓練大概進行到一半時，我經過一位業務員桌旁，聽到他離題嚴重，談論在英格蘭南方沼澤獵鴨的事情。

其實獵鴨這件事是幾分鐘前，這位業務員用標準的收集情報問題問潛在客戶時，潛在客戶回答時提起的，這種標準問題絕對和射擊一群無辜的鴨子無關（他問的問題可能是：「你目前做什麼工作？」）。

說明白點，潛在客戶開始回答時，並沒有談到獵鴨，而是回答業務員問他的問題——告訴業務員，他是肯特郡一家成衣廠的中階經理，但是他沒有就此打住，反而決定遠遠跳出題外，繼續長篇大論，談起肯特郡沼澤地是全英格蘭最好的獵鴨地點。

事實上，這種複合式的答案，也就是潛在客戶先回答你的問題，再跳脫主題的情形，在收集情報階段是很常見的事情，一點都沒有問題。

真正的問題在於業務員用不誠實的方式去處理。

「啊，我的天啊！」他大叫道，好像大吃一驚似的。

「好巧！我也愛獵鴨！這樣的機會——我是說——你我都愛獵鴨的機會有多高？我甚至來不及告訴你我多……」業務員說個不停，跟潛在客戶有來有往，談了十五分鐘——十五分鐘！扯一堆廢話，談到亂射一大群無力反擊的無辜鴨群，讓人有多興奮。

你可別誤會我的話，我不反對獵鴨，也不贊成獵鴨，不過我倒認為，如果你要取走一隻毫無戒心的鴨子性命，你至少要遵守常見的禮貌，在這隻小傢伙身上，澆上柳橙醬，變成美食才對。無論如何，更重要的事情是，你要知道這位業務員的策略有多離譜。你聽我解釋，就會知道我的意思。

這位業務員像鬥敗公雞一樣摔電話，片刻之後，轉頭對我喃喃地說：「媽的！我已經這麼接近完成交易，我不敢相信這筆交易居然溜走了。」

「錯了，你沒有多接近成交，」我斷然回答說：「你根本沒有機會，你太忙於談論獵鴨。我猜所有的鬼話都是你編出來的，對吧？我是說，我根本不覺得你是喜愛獵鴨的人，你是哪裡人，印度人嗎？」

「斯里蘭卡，」他怯懦地回答，看著地板，避免跟我眼神接觸。

「斯里蘭卡，不會正好是世界獵鴨之都吧？」我哈哈一笑地說：「總之，你為什麼要這樣對那個人說謊？你認為你會有什麼收穫？」

「我想建立融洽關係，」他像是替自己辯護一樣的說：「像你今天早上說的一樣。」

「哇，我學到教訓了！」我對自己說：「我再也不強調什麼事情多重要，卻不解釋實際上應該怎麼做了。」

我對這位業務員說：「有道理，那是我的問題。但是我要鄭重聲明，你剛才做的事情，跟我說的意思正好相反。」

十分鐘後，我把所有業務員叫回訓練廳，我站在可靠的白板前面，準備填補早上訓練課程留下來的空白。

我自信滿滿地說：「我要告訴你們一些跟融洽關係有關的事情。融洽關係是英文中遭到最嚴重誤解的字眼，事實上，大部分人認定的融洽關係構成因素其實具有排斥性，意思是融洽關係會排斥別人，而不是吸引別人，這點從一開始，就和你們想建立的融洽關係正好相反。」

「聽過你們今天早上的銷售辭令後，顯然你們認為，如果你假裝喜歡潛在客戶喜歡的東西，你們就會跟他建立融洽的關係。」我停頓一下，讓我的話像是餘音繞梁一樣，然後才繼續說。

「狗屁！」我脫口說：「這樣不會有融洽關係！今天的人比過去多疑多了，大家持續不斷地防備那種屁話。別搞錯了，要是潛在客戶有一絲一毫的疑心，覺得你在搞那種把戲，那麼，你本來有的任何完成交易的機會，都會消失一空。大家覺得這樣有道理嗎？」

二十位業務員一致點頭。

「太好了，除了這樣之外，你們也發送了潛意識的訊息給潛在客戶，表示你們不是真正的行家。知道嗎？專家實在太忙了，根本不會浪費時間，談論跟潛在客戶的結果沒有密切關係的事情。別人需要專家的服務，專家的時間是他最寶貴的財產。」

「何況，專家會審查潛在客戶的資格；會用特別的方式問問題——會用合乎邏輯又直覺的方式問問題，而且他們通常不會脫離主題，新手才會這樣，新手通常會上天下地、無所不談，還常常飛升到天外天去。」

「我要再說一遍，真正的融洽關係是以兩件事情為基礎。」

「第一件事情是**你關心**，意思是你不光是想賺佣金而已，你也想幫忙潛在客戶滿足需要、消除痛苦。基本上，你把他的最高利益放在心上，而不是把自己的最高利益放在心上。」

「第二件事情是，**你正好就像他一樣**——意思是人都喜歡跟正好像自己的人交往，不喜歡跟正好相反的人來往。我要快快舉一個例子。」

「你去查看一家鄉村俱樂部，看看自己是不是想加入時，應該不會在回家後，告訴太太說：『猜猜看，親親？今天我去的這家鄉村俱樂部真的很酷！那裡沒有半個人跟我相像，他們都有不同的政治立場、不同的宗教、不同的興趣，總而言之，我跟每個人沒有半點相同的地方！因此我加入了這家俱樂部。』」

「噢，如果你這樣做，你太太一定會看著你，認為你瘋了。然而，如果你說：『我今天去的這家俱樂部真的很酷，那裡的人正好都像我們一樣，他們的政治立場、宗教信仰、家庭價值觀都和我們一樣，而且幾乎所有的人都打網球，因此，我就加入了！』這樣，你太太一定會覺得十分合理。」

「關鍵在於我們不是根據不同的地方，跟別人交往，而是根據相同的地方，跟別人來往。」

「雖然如此，你們所有的人都在這裡，犯了這種經典錯誤，了解嗎？你們認為自己靠著玩假裝的遊戲，應當會達成目的——例如，如果他喜愛釣魚，那麼你就喜愛釣魚；如果他喜愛獵鴨，你也就喜愛獵鴨；如果他喜愛去非洲獵遊，你就也愛去非洲獵遊……」

「你們這樣說謊是完全不能接受的事情，但是我要晚一點，才談論這種做法在道德上的後果，現在我要重複剛剛對你們所說、跟這種做法功效有關的話——說明白一點，這樣完全是在說一堆屁話！其中沒有融洽關係；這種做法其實很討人厭。」

「事實上，我要告訴你們一個實際的例子，我要借用今天早上你們當中一位離題的言語……」說完後，我為了保持輕鬆的氣氛，利用接下來的幾分鐘，以滑稽的腔調，對大家敘述我早上碰到的獵鴨慘劇。

我說到潛在客戶剛剛脫離主題，飛升到天外天的冥王星去時，開始狠狠嘲笑那位業務員，笑他決定在這個地方加入潛在客戶的行列——花了超過十五分鐘的時間，繞行那個荒蕪的岩石星球，兩個人你來我往，談論去他媽的獵鴨奇觀！

然後，我改用比較嚴肅的聲調，補充說：「但是，為了替他辯護，我得說潛在客戶說出那一堆獵鴨的廢話時，他不可能從中打斷潛在客戶的話。還有，各位，我順便要說的是，我只是拿他打的電話當例子，同樣的事情適用你們所有的人。」

「潛在客戶開始飛升到天外天時，你不能說：『喂，喂，喂！老兄，你聽我說，我是這個領域的專家，我沒有時間聽你談論跟中國茶葉價格有關的廢話，因此，我希望你不要再閒談這種廢話，直接回答我的問題，我們好停留在銷售直線上。』」

「如果你這樣做，你一定不會很受潛在客戶的歡迎，鐵定是這樣！事實上，在這種情況中，最後你會摧毀你已經建立的所有融洽關係，你最好也在這個時候結束談話。」

「相反的，你在這種狀況中想要做的事情，其實是讓潛在客戶飛升到天外天，同時你確實加強積極傾聽，好讓他知道你完全了解他說的話，你覺得他的話刺激而有趣，當然你不會實際說出這些話，但是你的聲調和肢體語言，絕對足以讓你勝利、成功地完成任務。

「等到他終於繞行冥王星結束後，你只需要說出類似下列例句的句子就夠了：『哇，酷斃了，聽來真的很有意思，我可以看出來你為什麼會有那種感覺。現在，就你要學習怎麼交易外匯的目標來說……』然後，你引導他回到直線銷售上，並且在剛才話題中斷的地方，重拾探查過程，拿你問題清單中的下一個問題問他。這樣會顯示你同時維持銷售的控制權，又可以建立濃厚的融洽關係。各位，有道理嗎？如果有道理，把手舉起來，說『有』。」

所有業務員都反應極快，舉起手來，一起說「有」。

「好，太好了，」我繼續說：「這裡的關鍵是，你總是要記得，融洽關係不是恆常不變的東西，在整個銷售過程中，融洽關係會起起伏伏，看下面兩件事情而定。」

「**第一，潛在客戶對你說的最後一點，到底有什麼想法和感覺；第二，他是否認為你在這一點上想法跟他一致。**」

「因此，如果他肯定你說的最後一件事情，那麼，你們的融洽關係水準就會升高，如果他不肯定，融洽水準就會下降。同樣的，如果他認為你跟他意見一致，那麼融洽關係水準就會上升，如果他覺得你跟他意見不一致，那麼融洽水準就會下降。」

「各位，這一點絕對極為重要，原因在於如果你跟潛在客戶關係不融洽，你就不可能完成銷售，就是這麼簡單。」

「因此，任何時候，如果你察覺自己跟潛在客戶的融洽水準下降，你就必須停下來，重新整頓，刻意利用積極傾聽的方式，恢復你們的融洽關係，我早上已經告訴你們積極傾聽的方式，也跟你們談過兩種特別的聲調，一種是『我關心（我真的想知道）』的聲調，另一種是『我對你的痛苦感同身受』的聲調。」

「各位，實際上，建立融洽關係是持續不斷的過程，不像你跟別人建立融洽關係後，可以告訴自己：『好了，將軍！（編按：國際象棋中下一步把對手國王吃掉）我已經完成這個任務了，又可以開始像渾球一樣胡作非為了！』這樣你不會很受歡迎。」

「事實很簡單，整個銷售過程中，百分之百的時間裡，你都必須積極建立融洽關係，不能有絲毫鬆懈。有問題嗎？」

「你要談腳本了嗎？」一位業務員問。

「要，」我回答說：「現在就要談。」

11 做出世界級厲害銷售簡報的藝術與科學

從揭露魅力的祕密開始探討銷售說明的章節，似乎有點奇怪，但如果你在下面幾頁裡，十足地相信我，那麼你很快就會發現，這樣並不奇怪。

現在我要解釋一下原因。

首先，我們談到魅力和銷售的關係時，談的是某些業務員似乎擁有特殊魅力或吸引力，因此可以輕鬆地跟潛在客戶形成融洽關係。這種吸引力幾乎像帶有磁性，讓人在幾秒鐘內就受到影響。

美國前總統柯林頓就是這種完美的顯例，他在巔峰歲月裡，不但是政治史上最偉大的推手，也是魅力藝術的絕地大師（Jedi master）。不管你喜歡他，還是討厭他，看著他在總統選戰期間的表現，就像上魅力實用大師班一樣。

他走過一個又一個的大城小鎮，每天至少要跟一千多位選民握手，只有片刻時間跟每位選民建立關係，但是，不知道為了什麼，終於輪到你握手時，他會緊盯著你的眼睛，對你發出那種討人喜歡的笑容，說出一些經過選擇的話，讓你全身洋溢著他不但關心你、了解你，還能夠感受你身上痛苦的那種感覺。

最後，就是這三種特質——**他關心你、了解你、對你的痛苦感同身受**——奠定了所有融洽關係的核心基礎，而且這些特質會自然而然出現在擁有驚人魅力的人身上。

事實上，對成功的業務人員來說，魅力的力量極為重要，以至於你幾乎找不到半個沒有驚人魅力的頂尖業務員。魅力像機油一樣，在汽車引擎裡運作，負責潤滑銷售過程中的每個階段，同時為以信任、尊重和團隊精神為基礎的健全合作奠定坦途。

但是，沒有什麼魅力的其他人如何是好？應該怎麼辦？他們是不是像俗話說的一樣，死定了？這樣是表示魅力是天生的個人特質，每個人都會擁有一定水準的魅力？還是可以學習、可以透過練習、變成精通的技巧？

謝天謝地，答案是後面這一個。

事實上，魅力不但是完全可以學習的技巧，也具有大家夢寐以求的「夠用就好因素」——意思是你只要變得相當熟練，立刻就可以得到好處。

就你應該怎麼學習和練習來說，這些年來，我測試過很多不同的策略，發現教導這些東西最快的方法，是把魅力分成三大部分，一次只教一大部分。

因此，我們現在就從魅力的第一部分開始，**學習有效地運用聲調**——意思是你的聲音非常好聽，以至於你說話時，大家會注意聽你說的每個字，而不是充耳不聞，或分心聽室內其他人的話。

魅力的第二個構成部分，是**針對性地運用肢體語言**，意思是你極為注意運用十大肢體語言原則，把重點放在積極傾聽，以便傳達超高水準的吸引力和同理心。

魅力的第三部分是**不說愚蠢的屁話**；對大部分人來說，這點是最難的。

事實上，我見過千百次這種狀況：

業務員在銷售接觸的頭四、五分鐘裡，說的話充滿智慧，完全主控銷售說明。然後情況變得有點拖拖拉拉，業務員開始說不出有智慧的話，突然間，慘了！愚蠢的屁話開始從嘴巴流出來，就像從布魯克林的下水道系統冒出來一樣。

更糟糕的是，這種屁話一開始說出口，隨著時間的過去，會愈變愈蠢，到了無法否認的地步，導致潛在客戶心裡響起警訊，要他——謹防新手！謹防新手！——這時完成交易的機會已經完全消失。

畢竟，潛在客戶有一個共通的地方，就是都知道專家應該長什麼樣子、應該怎麼說話，也知道假行家的長相和說話方式。

專家（大都）說明智的廢話，（偶爾）也會說鬼話，有時候甚至會閒聊說瞎話，卻絕不說愚蠢的廢話，那種榮耀保留給新手享用，說得更正確一點，保留給聽來像新手的人。

在做業務的世界裡，專家和聽來像行家的人差別非常大，不管結果是好是壞，不好的結果都會害你付出代價。因此直線銷售說服系統的真正優點是：不論銷售接觸拖延多久，這種系統都可以讓每一位業務員——不管是十足的新手，還是世界級的專家——繼續說出完美無缺的銷售說明，這種系統能夠這麼成功，靠的是一樣東西：**腳本**。

不錯，是靠腳本。

但不是靠什麼隨隨便便的腳本，而是靠直線銷售腳本，說得更精確一點，是綜合成一個整體、要在整個銷售說明過程中配合運用的一系列直線銷售腳本。

這麼說來，直線銷售腳本到底是什麼東西？

直線銷售腳本是深思熟慮後想出來的完美銷售精華版。換句話說，想像你收集為一種特定產品所做過的十次最好銷售說明，逐行檢查每次的銷售說明文字，特別注意從每一次的銷售說明中，挑出最好的段落，再綜合成一份超完美的說明，當成範本，用在未來所有的銷售接觸中，這樣就是我說的直線銷售腳本。

基本上，這樣是把你在銷售中用過的最好句子，根據十分正確的順序安排——從至為重要的頭四秒鐘開始，繼續直線進行到結束，這時不是潛在客戶要買，就是你以令人尊重的方式，結束銷售過程。

換句話說，如果潛在客戶決定不買，那時你不會斥責他們，或是對他們施壓，或在他們耳邊摔電話，或是來回踱步，心裡暗自咒罵不休。相反的，你會以友善、尊重的方式，結束拜訪，說些「謝謝你花時間聽我說話，某某先生，祝你今天愉快」。

精心寫作的直線銷售腳本有無數好處，光是談這些好處，我就可以談個兩、三章，現在我們先探討其中最重要的好處，就是怎麼配合直線銷售腳本的其他部分，讓你跟任何人都做成生意。

一、我知道銷售過程可以視需要盡量拉長，而業務員沒有絲毫風險說出愚蠢的屁話，這個好處顯而易見，但我還是要把這一點列進來。

二、你事先會知道自己要用什麼聲調說話，這樣不但讓你的話聽來順耳，也可以讓你控制潛在客戶的內心，不會喃喃自語地冒出對你不利的獨白。

三、你現在可以確定的是，不管你有多緊張、多麼沒有經驗，你每次開口說話時，最好的話都會源源而出。

四、因為你的意識心靈不再擔心說錯話，你現在可以集中大部分的精神，注意潛在客戶對你的話有什麼反應，這樣會大幅提高你的評估能力，看出客戶在確定性量表上，現在到底位在什麼地方；也可以警告你，你說了潛在客戶不同意或惱火的話，是否導致你們的融洽關係下降。

五、這樣可以讓你在三個十分量表上，建構道理十足的完美論證依據，確保你遵循每一條直線銷售說明法則。同時事實證明，這樣會盡量拉高潛在客戶的參與程度，也會提高你的成交率（這一點後面馬上就要探討）。

六、這樣可能讓公司經營階層推動銷售人員系統化，確保業務員對潛在客戶說出完全相同的話，不論業務員屬於什麼區域、是在辦公室銷售還是在現場銷售。這種一致性在公司不斷擴張和增加業務人員時，更是重要無比，公司業務經理的責任就是執行這件事。

七、這樣可以預防業務員誇大其詞，或說出完全虛假的陳述，減少主管單位監理的問題。業務員經常不是刻意對潛在客戶說謊，或意圖欺騙潛在客戶；而是有智慧、有意義的話根本都說完了，非得開始說愚蠢的屁話不可。問題是愚蠢的屁話分為兩種，第一種是真實而正確的愚蠢屁話，第二種是既不真實又不正確的愚蠢屁話，也就是說，第二種屁話違反上帝和人間的法律，如果你屬於受到監管、監理的行業，違反人間法律可能極度不可原諒。

直線銷售腳本是照八條基本法則寫成，可以為業務員提供很多、很多的好處，上面說的好處只是採用這種腳本的業務員可以自動享受到的一部分而已。

然而，不是天生業務員的人進行銷售接觸、開始開口說話前，事先不知道自己該說什麼話，因此會持續不斷碰到挑戰，雖然如此，還是有極大量的業務員對利用腳本這件事，抱著重大的負面看法。

他們的負面反應程度輕重不一，從輕到重，涵蓋輕微的噁心，到全面性的過敏性休克，他們擔心下面說的三個問題，才會出現這種負面反應：第一，他們認為，運用腳本會害他們聽起來很呆板、很不真實（或是像俗話說的一樣，聽起來像是照本宣科）；第二，他們認為，潛在客戶會看穿他們是在念腳本，會認為這樣很虛偽，會讓新手露出馬腳；第三，他們認為腳本矯揉造作，利用腳本不道德或缺乏誠信。

表面上，這些說法中，有一些似乎的確有點道理，我的意思是說，如果有人交給我一本腳本，上面的文字會讓我聽起來很呆板，或是很虛偽，那麼我會率先把腳本丟進垃圾桶，更好的是點火燒掉，然後重重地、狠狠地踩幾下，做為額外奉送。

事實上，我的確這樣做過，那是八年前發生在倫敦一家金融服務公司辦公室裡的故事，當時我受這家公司聘請，要對他們的銷售人員教授直線銷售說服系統。當時他們雇用的二十位業務員，表現差得可以，以至於公司執行長提到他們時，把他們稱為金融服務業中的利空大熊。

問題的關鍵是一本慘不忍睹的電話行銷腳本，腳本由公司一位三十幾歲的半吊子業務經理撰寫，他自己的銷售能力似乎始於用一些廢話、也終於用一些廢話，向執行長推銷自己管理業務人員的能力，除此之外，就別無其他能力了。

總之，這本腳本大約是一張標準信紙的三倍大，上面的每一吋地方，都蓋滿了文字，文字都分成短短的段落，全部大約有三十段，各個段落排成一系列同心圓，彼此靠著長短和粗細不一的箭頭連接。

我在十秒鐘內，就百分之百確定，這本腳本是我不幸看到的最大一堆鬼話（你想想一般非直線銷售腳本有多糟糕，就知道我的話有多重）。

總之，我就在午休吃中餐前片刻，把包括業務經理在內的所有業務員叫進訓練廳，我沒有發出任何警告或前言，就高高舉起那張討人厭的腳本，用帶有惡意的聲調說道：「你們看到這本腳本了嗎？這是我這輩子所見過的最大塊狗屎！事實上，這樣東西太糟糕了，糟到像殺手殭屍一樣，吸取你們的生命。」我聳聳肩，又說：「這是我們必須把它永遠摧毀，不讓它有機會起死回生的原因。誰知道怎麼把殭屍永遠殺死嗎？」

「用火燒，」有一位業務員宣稱，「你得把它燒掉！」

「完全正確，」我回答說：「這是我帶這樣東西來的原因。」我伸手到身旁地板上的購物袋裡，拿出一支通常用來點雪茄的小型噴槍，高高舉著，讓大家檢查。

「再也別想起死回生了！」說完，我不再廢話，拿著噴槍，對著腳本的邊緣，按下點火按鈕，把腳本點著。

我十分自豪地宣布，「腳本必須是一條完美的直線，不是圓形的討厭——」

火焰不自然熄滅的景象打斷了我的話，那張紙顯然塗過某種防火塗層，「你相信有這種狗屁倒灶的事情嗎？」我喃喃說著：「這張腳本太冰冷了，甚至燒不起來！」說完，我把腳本丟到地上，開始在上面跳上跳下，整個屋裡的人都鼓掌歡呼，表示贊同，不過，我應該說，業務經理除外。

他意識到末日即將來臨，在我想辦法燒他的腳本時，就溜出訓練廳，從此不知所蹤。但是沒有人在乎這件事，公司執行長更是如此，因為在接下來的一個月，他看到公司的銷售額飛躍增加七倍多，不由得嘆為觀止。這種成績的確驚人，不久之後，我收到他親手寫給我的謝函，上面就寫了這種話。除了謝函外，信封裡也裝入一張總額很高的獎金支票，支票上的黃色自黏便條紙寫著：

喬，

每分錢你都當之無愧！但是要確定老梅也能分一杯羹！

紀斯

他提到的老梅不是別人，正是演《英雄本色》成名的梅爾．吉勃遜，背景是我在一個比喻中提到他，解釋行家手筆的直線銷售腳本跟精通腳本的誦讀之間，的確有一層關係，就是聽起來要像你不是在朗讀。

「我假設你們全都看過電影《英雄本色》，」我對這家公司的業務員說：「你們知道其中一幕是蘇格蘭軍隊衣衫襤褸，穿著破爛的短裙，站在那裡，手上拿著乾草叉和斧頭，戰場的另一邊是陣容完美的英國大軍，弓箭手和重裝馬匹保護著手持長劍的步兵，顯然蘇格蘭人就要輸得一敗塗地。你們全都知道我說的這一幕吧？」

他們全都點點頭。

「太好了，然後整臉塗成藍色的梅爾．吉勃遜騎馬出場，開始那篇著名的演講，『蘇格蘭弟兄們，你們今天站在這裡，面對三百年的壓迫和暴政……』他滔滔不絕，說出所有非常能夠鼓舞士氣的話，談到他們的全部生命，全都是為了這一刻而活，他們只有一次追求自由的機會；然後，就像這樣，他們全力衝向英軍，在幾分鐘內，把英軍打得落花流水。」

「這一幕讓人不敢相信，」我信心滿滿地說：「但是，我要問你們一個重要問題：你們認為老梅爾會以即興的方式演出嗎？」

「換句話說，你們認為，梅爾．吉勃遜身為導演，會說：『我們現在要這樣做，要在那邊的空地上，排出幾千個臨時演員，然後我要把所有的攝影機，安排在適當的地方，等待太陽升到正好適當的角度，然後在我對他們發出逃走的提示時，我就騎馬過去，拚命鼓舞他們的士氣，說服他們留下來，好痛宰英軍！』」

「要是有哪位導演真的這樣做，只要想想梅爾．吉勃遜喝了幾杯酒之後，策馬疾馳，奔上戰場時，嘴巴裡會吐出什麼話來！」

「但是，當然不會有哪位導演做事這麼魯莽，在一個角色只有一次機會說出完全正確的台詞之下，導演為了確保拍片成功，會找來編劇專家想出完美的台詞，讓這位角色說，然後會請世界級的演員（梅爾．吉勃遜自己選角時，大可不假外求）演出，這位演員不但會記住自己的台詞，也會用完美的聲調和肢體語言，把這一幕演得栩栩如生。」

這麼說來，這個故事裡有什麼教訓？

實際上，教訓不只一個，但是我想解釋清楚的重點是：如果你身為業務員，也是這樣想，認為腳本的本質就是會讓你聽起來呆板或不真實的東西，會讓你極為難以跟潛在客戶建立融洽關係，也很難在情感上打動他們，那麼，你需要考慮一個非常簡單的事實，就是：

從你牙牙學語時開始，每一部讓你哈哈大笑、痛哭、尖叫、大聲吼叫，或讓你極為投入戲中角色，以致你在短短的一星期裡，瘋狂地連續看完整齣戲的電影或電視劇，全都是根據腳本製作的。

事實上，連你看的實境秀——強力主打節目應當沒有腳本，真實性應該很高，藉以推升收視率的東西——都是有腳本的節目！

這些節目的製作人不必花多少時間就會知道，如果他們不發給實境節目明星某種形式的腳本，讓他們即興發揮演技，最後的成品總是可怕、乏味之至，以至於節目根本不能看。

因此，如果你堅持這種錯誤的觀念，基於運用腳本天生具有聽起來呆板和不真實的特性，認為運用腳本會讓你聽起來呆板和不真實，那麼，你必須忽略下面的事實，就是忽略你大半輩子裡，被人逗笑、逗哭、尖叫和大吼大叫的情況，都是腳本造成的事實。

這裡的成功關鍵其實有兩種：第一，你需要精通誦讀腳本、聽起來卻不像是誦讀腳本的藝術；第二，你需要精通寫作腳本的藝術，讓你誦讀時，聽起來十分自然。

我們在直線銷售術語中，把這種過程稱為策略性準備，策略性準備是近乎過度準備的態度。簡單說，其中的哲學基礎是：要預測銷售過程中可能發生的所有事情，事先預做準備，到時候才能做出最好的反應。

事實上，本章剩下的篇幅全都放在這上面、放在建構和提出直線銷售腳本上。

因此，我們現在要探討直線銷售腳本與眾不同的八大特點，基本上，你的腳本必須具備這些重要特質，才會有效。

第一、你的腳本不能頭重腳輕

頭重腳輕的意思是，從一開始就揭露所有重大好處，以至於潛在客戶還擊，說出第一個反對理由時，你沒有有力的東西可說，不能改變潛在客戶的心意。

這是業務人員所犯的最大錯誤：他們認為自己在銷售說明的最初階段，必須提到每一種好處，因此他們準備的是長篇大論的腳本，潛在客戶聽不到一半就睡著了。寫出好腳本的關鍵是要有結構，不能頭重腳輕。

這樣就像蓋新房子時，必須分段建造一樣，你首先必須豎立實際的架構，然後豎立不塗石灰的牆壁，然後是刷油漆。銷售也一樣，你不能期望交易很快就會完成，潛在客戶一定會提出反對理由，因此你必須準備長期抗戰，必須先打好基礎。

基本上，人體不是以一步千里的方式建構的，人不能一下子就從零英里，加速到一百英里，沿路必須有一些停等區，讓我們深呼吸一下，整理一下思緒。換句話說，你必須用一步、一步的方式，提高別人的確定水準，不能一次提高完畢。

第二、注重好處，不要注重性能

不可否認的是，我們現在上的課是銷售導論，但是因為一些莫名其妙的原因，一般業務員通常都會偏重產品的性能，不重視產品的好處。

我要說清楚的是，我不是說你絕對不要提產品的性能；如果你不提，聽起來會十分離譜，因為你只談論一項、一項又一項的好處，卻不提供潛在客戶背景資料，讓他不能了解任何背景，不知道到底是什麼東西在實際創造這些好處。重點是你希望簡短地提一種功能，然後擴大說明東西的好處，讓潛在客戶知道，為什麼這種東西對他個人很重要。

請記住，大家不見得這麼關心產品的每一種功能，卻想知道產品會不會讓他們更好過，消除他們的痛苦，或是讓他們更有時間跟家人在一起。

第三、你的腳本必須有若干停等區

如果你接二連三地陳述強而有力的聲明，等到你陳述第三項強力聲明時，所有強力聲明都會開始混在一起，失去力量了。這是為什麼寫作優異的腳本都有很多停等區，讓潛在客戶跟你互動、確定你們仍然意見一致的原因。

換句話說，你陳述一項強而有力的聲明後，你希望用「你還聽得懂我的話嗎？」「這樣有道理嗎？」或「你懂嗎？」之類簡單的是否問題，詢問潛在客戶，好把它固封起來。你這樣做，不但能把潛在客戶留在談話中，也能讓他們形成說是的習慣，產生一貫性。

此外，這些停等區雖小，卻可以當成融洽關係的定期檢查站。例如，如果你對潛在客戶說：「你覺得到目前為止，這樣還有道理嗎？」潛在客戶回答說「有」，那麼你們的關係就很融洽，如果他們回答說「沒有」，那麼，你們的關係就不融洽，你在找出真相前，在腳本上就不能向前進，否則潛在客戶會開始想：「這個傢伙對我說的話完全漠不關心，他只是想賺佣金而已。」

因此，你不能向前進，要繞個圈子回來，再給潛在客戶多一點跟那個主題有關的資訊，然後再問他們，現在事情是不是有道理了，一旦他們說有了——在這種情況下，他們幾乎總是都會這樣說——你就可以安心地向前走。

第四、要用口語的字眼、不要用文法正確的書面語寫腳本

你希望用一般人的語言隨意說話，不想利用正式語氣或過於技術性的術語說話。

換句話說，你念腳本時，文字本身聽起來應該絕對自然，文章的寫法類似你在跟朋

友說話，希望打動他們的感性，而不只是打動他們的理性而已。

另一方面，請記住，你聽起來必須仍然像專家，因此，其中必須有適度的平衡，不像「喂，如此如此、這般這般，我們像、這些東西、主題、應該、不應該」之類的亂說，不像沒有受過教育的人一樣，對吧？你仍然希望自己聽起來像受過教育的人，像是專家。但是，不要用太多流行技術性用語壓倒潛在客戶，我知道，這樣是最容易讓別人充耳不聞的方法。

你反而希望盡量口語化、希望用直白的方式，讓你的文字聽起來自然而簡潔，但是，你絕對不能忘記你堅持聽起來自然的初衷，同時符合別人把你看成專家的期望。

第五、腳本必須十分流暢

我寫新腳本時，總是會寫出至少四、五份草稿，然後才開始鎖定最後定稿，這樣讓我有機會徹底測試這份稿子——先在心裡大聲讀出來，找出韻律上和各種不同語言型態之間，有沒有明顯的問題，例如，文字或句子裡，有沒有因為音節和節拍數目的問題，出現不平衡、繞口令的地方？有沒有轉折不流暢，需要弄平的地方？然後，我會重寫腳本，改正我發現有問題的地方，再重複這種過程，直到我絕對確定每一個字都像絲一樣平滑為止。

我這樣做以後，可以確保連業務新手都可以用令人絕對讚嘆的方式，利用這種腳本和聲音，因此，我總是特別注意一個關鍵因素，就是密切注意音節和節拍數目的平衡。

如果句子不平衡，一入耳，別人立刻會發現有什麼地方聽起來不對勁，這種事情只要重複出現幾次，大家就會當沒聽見了。

第六、腳本必須誠實、必須合乎道德

你寫腳本的每一句話時，都應該問自己：「我說的東西是否百分之百正確無誤？我是否出身誠信正直的地方？我是否出身道德水準高尚的地方？」

你還要問，「我是否已經開始誇大事實？我是否誤導大家？我是否省略大量事實？」

我早早就承認：我早年寫過一些自己並不特別自傲的腳本，這些腳本並非謊言充斥，卻多少嚴重省略了一些事實，最後描繪的是非常扭曲的情勢。

因此，拜託你，為了自己好，我希望你確定自己的腳本不但百分之百正確，而且也出自講求道德和誠信的地方，意思是，你絕不能容忍說謊、誇大、誤導、省略或無法通過所謂嗅覺測試的部分。

此外，如果你身為經營階層的一員，或者身為企業主，請時時刻刻記住，如果你交給業務人員一份充斥謊言和誇大的腳本，他們一定會知道，而且你會碰到毀滅性的後果。

首先，分發不道德的腳本，等於企業批准業務人員出門姦淫擄掠。你知道嗎？你的業務員在電話上拚命工作、或在外面努力敲門，進行銷售說明時，都是在說謊、誇大、省略關鍵事實，這種情形很快就會滲入和毒害你們的整個企業文化，

事實上，要不了多久，你的業務人員就會徹底沉淪到失去控制，隨著一天、一天過去，他們對自己的不道德會變得愈來愈麻木不仁，說出來的謊話會愈來愈大膽，誇大的情形會愈來愈離譜，而你卻是始作俑者！

關鍵是：道德像懷孕一樣，絕對沒有懷孕一半的事情，你必須全力以赴，因此，你要是認為，你可以發出帶有欺騙性的腳本，最後你們的企業文化卻不會遭到摧毀，這樣想確實是愚不可及。你的腳本必須精確、合法、反映你們以道德和誠信為基礎的企業文化。

而且你的腳本也必須性感之至！

請記住，這些因素彼此並不互相排斥：你的腳本可以很性感、很吸引人，卻仍然百

分之百合於道德。

總之，你的腳本應該是高手說的真實故事。

第七、記得投入資源、換取好處的大原則

潛在客戶做出購買決定前，心裡會進行快如閃電般的估計，計算他們為了完成交易程序、收到你的產品，總共需要動用多少資源，也估計你所承諾的近期和未來奇妙好處的總值，再計算兩者之間的差異。

因此，如果預期好處的價值高於預期要投入的資源，潛在客戶腦中會發出一切都沒有問題的信號，然後潛在客戶可以決定是否購買。相反的，如果預期好處的價值低於預期必須投入的資源，潛在客戶腦中會發出警訊，消除潛在客戶購買的所有可能性，直到你能夠在這個等式中滿足他們為止。

這個等式名叫投入資源、換取好處的大原則，每次你要求潛在客戶下訂時，包括你在銷售過程後半部、回應潛在客戶發出的購買信號時，這條大原則都會上場來發揮影響力。

這條原則在你要求潛在客戶下訂前，甚至不會浮現在潛在客戶的意識心靈中，你要

求下訂後的一瞬間，這條原則立刻啟動，命令內心獨白提出一個簡單卻非常尖銳的問題——這樣最後真的值得嗎？

換句話說，從合乎邏輯的嚴肅角度來看，我預期得到的好處總值，超過我預定要動用的資源嗎？

你現在必須了解，即使這個等式算出來的答案是正值，也不見得表示潛在客戶會購買，答案是負值的話，也不表示潛在客戶一定不會購買。情況不會永遠都是這樣，但是，在你得到另一個機會，再度要求下訂時，你要遵守一套簡單卻極為有效的原則，確保你最後處在這個等式正確的一邊。

我要利用我們信任的人物李四和張三為例，在這裡迅速列出這些原則。

假設李四剛剛對著張三完成一次非常完美的銷售說明，解釋完自己產品的眾多好處，是對付張三所面臨挑戰的完美解決之道，張三表示完全同意，李四在整個銷售說明期間，得到所有的正確信號。

因此，李四現在應該說明如何完成交易，解釋張三需要採取哪些步驟，才能讓交易圓滿結束，說明完後，才要求張三訂購。

因此，李四對張三說：

「噢，張三，我要你這樣做：首先，我要你告訴我全名、你的社會安全號碼、住址、駕照號碼，然後我希望你到郵局去買一個掛號信封，然後把駕照放在影印機上，影印一張出來，再送到公證處公證，然後再去銀行開一張保付支票……」然後張三還要跳過十幾個難關和火圈後，才能得到李四承諾他的產品會帶來的神奇好處。

這裡我顯然有點誇大，但是誇大的程度並沒有那麼嚴重。大部分公司在這一點上，的確都錯過了重點——他們採用的完成交易程序十分嚴苛，要求潛在客戶必須動用極多的資源，才能結束交易，以至於最後他們在這個等式上，幾乎不可能站到正確的一邊去。

順便要說的是，永遠別忘了金錢基本上只是儲存起來的資源。本質上，你是利用從事某種形式的勞動換取金錢報酬的方式，來花用資源。當然，其中一部分的錢現在會拿來當做基本生活開銷，用在食衣住行、一般支出和醫療用途中，剩下的錢就存在銀行裡，銀行代表你儲存在那裡的資源，隨時可以根據你的意願，用任何方式釋出。

因此，你要求別人採取行動，把他們辛苦賺來的錢匯給你時，等於要求他們花用自己儲存起來的資源，所以你希望強調他們會得到的所有寶貴好處，確實可以抵消他們花掉的那筆資源。

基本上，你希望具體表現出來的事實是：一旦他們說好，他們就會得到大量寶貴的好處，他們必須花用的資源總量卻少多了。

順便要說的是，亞馬遜是盡力做好這種事情的公司，亞馬遜利用按一下就完成購買手續的選項，讓客戶可以用輕鬆得離譜的方式，獲得某種產品的好處，以至於會讓大家開始覺得，向任何其他地方購物簡直是太麻煩了。

甚至更明顯的事情是：亞馬遜發現，即使客戶被迫只多按一次鍵，以便前往不同的登錄頁面，公司都會失去相當高比率的買家；如果客戶被迫得按第三次按鍵，他們的轉換比率就會跌到破底的程度。上述等式對決定積極購買的人極為重要，原因就在這裡。

現在我們回頭看看李四和張三的例子，只是這次我們改變語言型態，以便反映大不相同的結束交易景象。

「噢，張三，現在結案程序非常、非常簡單，你只要告訴我姓名和一些基本資訊，然後我們就會在這一邊，替你處理一切。如果你把這種情形，跟第一種、第二種和第三種好處結合在一起，那麼，張三，請相信我，你會碰到的唯一問題是你沒有多買，這樣說很合理吧？」

這是投入資源很少，換回很多好處的範例，你可以輕而易舉地把這一點運用在任何行業中。

然而，有一件事情我必須指出來，就是你偶爾會發現，有些程序或產品其實無法這麼輕鬆地處理，銀行業務或抵押貸款可能就是這種例子，其中有很多關卡要闖，還有很多文書作業。

因此，事情確實很複雜時，你雖然不能說事情很簡單，卻仍然可以對潛在客戶說明，你會在自己的能力範圍內，替他們把過程盡量變得簡單一點。

在我們繼續推進前，要先快速探討購買信號在銷售過程後半部出現時，應該如何處理的問題。換句話說，潛在客戶在三個十分量表上變得愈來愈確定時，會開始詢問如何完成交易的誘導性問題，藉此向你發出信號，表示他們有興趣購買。

例如，潛在客戶可能會這樣說，「你說我要花多少錢？」或「我要多久才能收到產品？」或是「我要多久才會開始看到成果？」這些只是比較常見的購買信號例子。

我們假設你已經開始要求下訂，正在利用循環前進的方法，潛在客戶突然問你，「請再說一遍，那樣東西要多少錢？」你回答說：「噢，只要三千美元。」然後就不再多說。

唉，可惜，你剛剛犯了銷售上的切腹自殺。

為什麼？

簡單說，你剛剛創造的情況是，潛在客戶要拿價值三千美元的資源出來，收回的好處卻是零，原因不是這些好處不存在，這些好處確實存在，只是你要求他們動用他們儲存的資源時，根本忘了提醒他們有好處可拿。

換句話說，雖然三、四分鐘前，你第一次要求下訂時，列舉了不少好處，但是幾分鐘後，潛在客戶對你發出購買信號時，這些好處對於潛在客戶投入資源、換取好處的等式，卻絲毫沒有影響。

也就是說，人對好處的平衡效果，記憶極為短暫，因此，每次你談起資源的付出時，仍然都必須重申這些好處，只是要說得比較快、比較簡潔而已。

因此，對於「請再說一遍，那樣東西要多少錢？」的購買信號，正確的回答方法是這樣的：

「只要區區三千美元的現金支出，我要快速地告訴你，這樣做你到底會得到什麼：你會得到（第一種好處）、（第二種好處）和（第三種好處）。我要再說一遍，就像先前我說的一樣，開始得到這些好處的方法非常、非常簡單，因此，請你相信我，即使你得到的好處只有其他客戶從相同方案得到好處的一半而已，你都只會覺得，唯一的問題是我應該在半年前來拜訪你，讓你從那時就開始這樣做才對，這樣聽起來有道理嗎？」

這樣就是你結束交易的方法。

我用「現金支出」做為修飾用詞，不用成本這個字眼；我用「區區」的說法，盡量壓低三千美元的價值；然後，我快速提醒潛在客戶三大好處，抵銷三千美元的資源支出，然後強調要開始得到好處很簡單，再用我把三種絕對確定聲調型態融合成的最誠懇聲調，轉進到以柔性的方式完成交易，再用合理的聲調說最後一句話：「這樣聽起來有道理嗎？」

然後我就閉上嘴巴。

第八、直線銷售腳本只是系列腳本的一環

事實上，你可能會利用多達五、六種的腳本，引導你進行從開始銷售到完成交易的整個過程。例如，你會有一種從最重要的起頭四秒開始寫起，包括你所提出的資格查驗問題和轉折說詞的腳本；第二，你會有一種從銷售說明主體開始寫起，寫到你第一次要求下訂時所用說詞的腳本；第三，你會有一系列記錄你所用反駁說詞的腳本，其中包括你針對一定會聽到的反對理由精心構思的反駁說法；第四，你會有一系列在你循環前進

時，教你怎麼說話的腳本，其中一定包括讓你在銷售過程中循環後退，好把潛在客戶的確定性推升到愈來愈高水準的各種語言型態。

這樣會引導我們，面對銷售過程中極為重要、對你建構和說出每種腳本內容的方式又會有重大影響的各種面向，包括腳本的長度、廣度，以及要花多少時間重複敘述說明，好讓潛在客戶恢復記憶的問題。

我現在提到的是，你採用什麼型態的拜訪系統的問題，意思是你計畫跟潛在客戶談幾次話，才會開始要求他們下訂？一次？兩次？三次？還是四次？

不管答案是幾次，凡是採用拜訪兩次以上的銷售系統，背後的邏輯都是不管你上次的拜訪是親自前往還是電話拜訪，你都是把先前的拜訪當成跳板，確保下次拜訪會藉著上次拜訪收集到的情報，加強你們之間的融洽關係，也加強了解潛在客戶的需要和痛點，同時讓潛在客戶有機會評閱你發給他們的文件或連結，或是自己進行研究，以便提高他們在三個十分量表中的確定性水準。

因此，你對兩次拜訪做不到的事情在三次拜訪中也做不到的問題，會覺得自己無可奈何；因此，我每次在採用三次拜訪系統的公司裡擔任顧問時，總是促請他們至少要試用一下兩次拜訪系統，我這樣做，當然是要跟我教他們的整個直線銷售腳本的課程結合起來，何況教導他們正是他們請我去的主要目的。最後，不能證明兩次拜訪系統確實比較好的測試少之又少，即使是受到你的銷售循環期間最大的時間限制，十分難以接觸相同的潛在客戶三次的情況下，結果也是這樣。

換句話說，每種產品或服務都會有事前決定的銷售循環，也會規定兩次拜訪間應該間隔多少天。經過一定時間後，超過拜訪間隔天數的潛在客戶會移到呆客名單中，再經過一段適當的時間後——通常是三到六個月，但也可能是一年後，最後會重新分配給其他業務員，超過這種期間的話，完成交易的比率會變得微乎其微。

這樣會躲過一再追逐同一位潛在客戶的自我毀滅行為，然而，不採用直線銷售說服系統的業務員，正好就是採用這種標準做法，即使別人認為情況已經極為明顯，顯然潛在客戶一看到來電顯示發話人是這位業務員，就避不接聽電話時，這位業務員還是照打不誤。

拜訪四次的系統適用同樣的道理，不過這種做法違反直覺，連訓練不足的業務經理都很清楚，因此我碰到這種情況時，大概都會發現，銷售過程會拖這麼久，通常都有正當理由。大致都是因為必須跟很多位決策者打交道，在這種情況下，業務員必須拾級而上，一次收拾一位決策者，到促請最後的決策者簽訂交易合約為止。

另一個常見的原因是，某種產品要求買方投入大量資源，包括時間、金錢、人力，才能把新產品整合到他們現有的業務中，因此，他們在簽約前，必須進行大量的事前考慮和策略性規畫。

例如，在拜訪四次的系統中，第三次拜訪成功的話，潛在客戶可能同意簽署意向書，必要時，還會簽署保密協定，好讓潛在客戶的小組能夠更深入了解你們產品的內部運作狀態，這種過程的正式說法是「實地查核」，目的是確保你們宣稱的一切都沒有問題。

此外，這時通常也是雙方律師上陣的時候——他們會來回檢討彼此的改變，把起初簡單、直接的協議，變成複雜到令人瘋狂的東西，從中撈到巨額的法務費用。

要說清楚的是，雖然大部分律師相當誠實，卻仍然有很多律師長期收費過高，因此，務必小心，如果你的佣金跟合約的整體獲利綁在一起，尤其要小心！如果確實是這種情形，那麼你一定希望確定有人能力高強，負責細心審核每一張發票，解決似乎只有些微可疑的問題（因為這種情形確實是無風不起浪的事例！）。

總之，一旦潛在客戶進行的實地查核圓滿結束，律師從每個人身上吸走適度的血肉後，你就有機會完成真正的交易，這時通常會簽訂確定的協議或合約，交換事前決定的金額。

整個過程中，你必須記住的最重要事項是，除非簽完確定的協議、資金換手，否則交易都還沒有結束，你仍然必須繼續和潛在客戶保持聯絡，盡一切力量，讓潛在客戶在三個十分量表上，維持最高的確定性水準，這就表示，你要把其他客戶在滿意之餘的推薦、產業期刊、報紙雜誌上刊出的文章，發送給潛在客戶，強化潛在客戶做出正確決定的意念，另外，偶爾還要發送電子郵件，要定期打電話閒聊，確保你和潛在客戶在這麼漫長的過程中，能夠維持融洽的關係。

潛在交易在等待期間急速冷卻的案例很多，上述做法會讓這種情形急劇減少，因此我這麼強調這種功效絕不為過。要完成這種過程，通常要花四到六星期，但是如果有上面所說的律師參與其事，潛在客戶沒有完成交易時間壓力的狀況，整個期間也可能拖長到三個月之久。

然而，只要你繼續把潛在客戶的確定性水準盡量維持在高檔，那麼最後事情應該會圓滿落幕，你努力推動到這種地步的生意大部分都會做成，你也會拿到佣金，而且考慮到這筆交易耗用的時間這麼久、你碰到的麻煩這麼多，佣金最好是非常多才對。

因為不知道所有細節，佣金到底多高就說不出來了，但可以說的是，如果佣金不是以幾千美元為單位，那麼你最好能拿到很高的底薪來彌補。

但是，這裡要再說一次，可以發揮影響力的變數實在太多了，包括你所居住的國家、業界認定的正常水準、你在所服務公司裡的晉升機會、你從自己的作為中得到多少的快樂等等，因此我在你的薪酬問題上，提出的答案不會比有根據的猜測還正確。

比較重要的是，你必須確保你在等待期間，你發給這位「幾乎十拿九穩」新客戶的所有通訊，都要出自強而有力的立場，就是從你的角度來看，這筆交易已經結束，你發給他們的通訊，都著眼於建立長期關係，希望未來雙方能夠做更多生意。否則的話，你會陷入絕望、失落的痛苦，最後還會產生反效果。

但是除了這兩個例子外，凡是要拜訪三次以上的的系統，都是有問題的銷售程序造成的結果；管理銷售程序的業務經理同樣有問題，看著手下沒有經驗的業務員處處碰壁，試著跟同一個人聯絡四次以後，才設法要求對方下訂，業務經理卻坐視不理。這些業務員當中要是有人有經驗，一定會先建議准許他們把拜訪次數減到三次以下，如果建議不成，他們最後一定會要求准許他們這樣做，就像你所知道的一樣，這種要求幾乎總是會伴隨著業務部門的全面造反，造反會由有經驗的業務員帶頭——他們原本高高在上，折磨下方籠罩在絕望中、表現很差勁、心靈遭到像沙林毒氣一樣的絕望烏雲毒害、合作精神也同樣遭到破壞的眾多菜鳥業務員。

因此，無論你是老闆、業務經理，或者只是普通業務員，你都必須特別密切注意銷售循環中的拜訪次數，同時心裡抱著盡量減少拜訪次數的念頭。安全又有效的做法是每次從銷售循環中，減少一次拜訪，到成交比率的降幅，不會被總成交件數的增幅抵銷為止（成交件數增加，是因為促成有效成交的銷售拜訪次數大增，而不是因為新安排的拜訪次數大增）。

語言型態的威力

我在第二章裡解釋過，直線銷售法基本上是完美銷售的具體展現——你說的每一個字、做的每一件事、主張潛在客戶應該向你購買的每一條道理，都會得到潛在客戶明確的肯定答覆，直到你要求他們下訂、他們也同意完成交易為止。

此外，從你嘴巴裡說出的每一個字都有特別用意，目的是要注入整體目標中，把潛在客戶在三個十分量表上的確定性水準提高到最高的十分。

從你打算創造確定性的順序來看，你總是會遵循同樣的方式，也就是：

- **最先是產品**
- **其次是你這位業務員**
- **第三是產品背後的公司**

從理性和感性分野的角度來看，你總是會先建立嚴密之至、合乎邏輯的道理，然後才建立嚴密之至、迎合感性的道理。

為什麼？

很簡單，要是先建立嚴密之至、合乎邏輯的道理，你會滿足潛在客戶的廢話偵測器，讓偵測器放開潛在客戶，接受感性道理的打動。

要達成這個目標，你必須依靠一系列精心建構的直線銷售腳本，確保你在開口前，就知道自己該說什麼話，而且腳本中植入的語言型態都經過精心打造，都是便於吸收、具有特殊目的的簡短資訊。

例如，其中有為了創造理性確定性而設計的語言型態，有為了創造感性確定性而設計的型態，有為了創造每一種十分量表確定性而設計的型態，還有為了降低別人行動門檻而設計的型態，以及為了增加別人痛苦而設計的型態。

簡單說，什麼型態都有。

你的語言型態在銷售過程的前半部，會用來當成每一個結構步驟的定錨，具有確保創造美好結果的重要特性。在銷售過程的後半部，你的語言型態會用來當成整個循環過程的核心基礎，你說的每件事情都會繞著這種基礎打轉。

你在發動階段的語言型態中，只是介紹自己和公司，說明你打電話的原因，同時利用聲調和肢體語言，建立自己的專家身分地位，以便掌握談話，開始推動潛在客戶，從開始到結束，都沿著銷售直線前進。下面所說，就是創造強而有力介紹的基本法則，我們會假設打出去的電話應該：

- **從一開始就熱情洋溢。**
- **總是用熟人的口氣說話，例如，不該說：「嗨，張先生在嗎？」應該說：「嗨，小張在嗎？」**
- **在最前面幾句話裡，介紹自己和公司，然後在最前面幾句話裡，再說一次公司的名字。**

- **運用有力的字眼，如「戲劇化的」、「爆炸性的」、「最快速成長」、「最受尊敬的」……有力的字眼很能夠抓住別人的注意力，同時建立你的專家身分地位。**
- **運用你的理由（請參閱第十章的詳細探討）。**
- **要求對方准許你開始查驗資格。**

你的下一個語言型態會讓你順利過渡到收集情報階段，還包括要求潛在客戶准許你問問題，也准你問潛在客戶的所有問題，所有問題都按照正確的順序排列，還附註符號，指示應該運用什麼聲調，確保你能得到最完整的答案。同時，你當然必須特別注意積極傾聽潛在客戶的每一個答覆，確保你在意識和潛意識的水準上，跟潛在客戶建立極為融洽的關係。

下面是跟大局有關、幾乎可以用在任何產業上的樣本問題：

你喜歡或不喜歡你現有供應商的什麼地方？

潛在客戶目前通常都會有一個供貨來源，或是已經使用一種類似的產品，你不是第一個想把同類新產品賣給他們的人。這個問題非常有力。

你們的事業中，你最頭大的問題是什麼？

你問這個問題時，要非常注意你問話的聲調，因為這是你第一次嘗試找出潛在客戶的痛苦。例如，如果你輕率地說：「噢，小張，你們在這方面最大的問題是什麼？快說啊，告訴我！」這樣說表示你根本不關心。這時，正確的聲調應該是要傳達誠心誠意、關切和希望解決小張的問題；對方開始談這個問題時，如果你希望放大這種痛苦，就要問下列問題：

「這種情形持續多久了？」「你認為這種情形已經好轉，還是更為惡化？」「你自己認為兩年內會怎麼變化？」「這一點對你的健康或家人有什麼影響？」

基本上，你希望確定自己能夠讓潛在客戶談論他們的痛苦，這種問題在打開潛在客戶的胸懷、接受資訊方面，會有很大的影響，他們現在會拿收到的資訊衡量自己的痛苦。

如果你可以自己設計，你理想中的方案應該是什麼樣子？

噢，這個問題在某些行業中極為好用，卻不能用在另一些行業中。這裡的關鍵是你要像科學家在談話一樣，利用以邏輯為基礎的聲調，而不是充滿同理心的聲調。

我們剛才談到的所有因素中，哪一個因素對你最重要？

你確實想找出潛在客戶最迫切的需要，因為通常你必須滿足這種需要，才能逼迫潛在客戶超越最高限制。

我有沒有問到你覺得重要的所有事情？

只要你到這時為止，表現得都像專家一樣，那麼你問這個問題，你的客戶會更尊敬你，而不是更看不起你。你也可以說：「我有忘了什麼事情嗎？有什麼方法可以讓我替你量身打造解決之道嗎？」

這種問題會引領你結束介紹自己的階段，過渡到敘述銷售說明主體的階段，因此我們現在要快速複習一下各種語言型態：

1. 你自我介紹時，記得要用熟人的方式說話，總是表現積極、熱心的樣子。
2. 下一個語言型態的目的是要激起他們回答「我很好」，「還記得嗎？我們上星期四晚上在萬豪國際酒店見過面」，或是「還記得嗎？你幾個禮拜前，曾經寄給我一張明信片」，或是「我們曾經跟你們那一區的人聯絡過……」。簡單說，你是在設法把這通電話，和你跟潛在客戶第一次見面、或你曾經寫明信片給潛在客戶、或接洽過某個人脈網絡的事情拉上關係。
3. 下一個語言型態極為重要，是你的道理所在，是你打這個電話的理由。基本上，你說的道理會創造你今天打電話的正當理由，也會急劇提高你的正確率。
4. 你從這裡開始，進入了你的腳本中的審查資格部分，開始要求潛在客戶准許你問問題。這是你利用你的理由的另一個例子，這次你要用的字眼是：「這麼說來，我只要迅速問幾個問題，才不會浪費你的時間。」這樣說會讓你說明你需要問問題的理由，而且這個理由是這樣才不會浪費他們的時間。你要查驗別人的資格

時，總是希望求得別人的允許。

5. **你的開場白最後一部分總是一種過渡說法，「根據你告訴我的一切，這樣子極為適合你。」對你來說，這樣應該是定錨，你應該記在心裡。**

談到你的銷售說明主體時，我無法告訴你正確的語言型態，因為不同產業的語言型態差別太大了。但是，有一家公司請我去推動銷售訓練時，我要求每位業務員都為三個十分量表中的每一個量表，寫出三、四種語言型態，然後我把所有語言型態匯集起來，挑出最好的型態，製作出一份原版腳本。

如果可能，我強烈建議你自己製作腳本，你可以請辦公室裡的其他業務員和你合組團隊，進行這種練習。

因此，為了讓你有個好的開始，我要提供你一些有力的提示和指引，好讓你為銷售說明主體和完成交易部分，創造出若干語言型態。

1. 你說完上述過渡句子，開始談到主體時，最先說的字詞應該是你提供的產品、製程、方案或服務的正確名稱。下面是我為電影《華爾街之狼》所寫的銷售說明主體開場白：

「公司名稱……達因航技國際。這家尖端高科技公司設在中西部，下一代雷達探測儀的專利權立刻會批准，將大量在軍用和民用領域中使用。」

2. 下一個語言型態最長不應該超過一、兩段，重點要放在可以直接滿足潛在客戶需要的好處上（只提這一點）。如果可能，設法利用比較和比喻，說明你的觀點，因為這樣遠比事實和數字有效多了。此外，如果你能夠用合乎道德的方式，把上述型態和值得信任的人或機構連結，例如跟巴菲特或摩根銀行連結起來，就要這樣做（也要檢查一下，看看你們公司是否知道有沒有備受矚目的名人愛用你們的產品）。關鍵在於任何時候，你可以利用備受尊敬的個人或機構的信用時，都要設法把他們納入你的說明中。

3. 說完這個型態後，你應該說：「到目前為止，你懂我的意思嗎？」或「你覺得有道理嗎？」要客戶說出肯定的答案後，你才可以繼續前進；否則你會打破融洽關係，進入死亡地帶。但是一旦潛在客戶同意你的說法，那就太好了！你已經說完一個完整的語言型態了。

4. 現在重複第二步和第三步一次，然後再重複一次，但不要繼續重複，否則會有過度壓制客戶之虞。總之要記住，你的目的是要建立結構，不要頭重腳輕！

5. 你過渡到結束交易階段時，應該設法創造某種急迫性，也就是創造客戶現在必須買的原因。如果你所屬的行業天生就沒有什麼急迫性，那麼，你至少可以利用稀少的聲調，來暗示急迫性。但是，不要創造虛假的急迫性，這樣不好。

6. 要從主體階段進到結束交易階段時，我們首先要用的是過渡性的語言型態，對潛在客戶解釋啟動購買過程多麼簡單（這是投入資源、換取好處的階段）。

7. 然後你直接要求下訂，不要拐彎抹角。我會強調這一點，是因為我過去十年巡迴世界各地、訓練業務人員後，發現絕大部分業務員都不想強力要求潛在客戶下訂，原因不是他們循環不前，就是在這件事情上面保持開放式的態度，好像是希望潛在客戶會挺身而出，說自己想買東西一樣。事實上，大部分的研究都指出，業務員要求下訂的最適當次數，介於五到七次之間。

然而，我個人很不同意這一點，我認為，這種次數跟業務員訓練不足，用極為無效的方式推動結束交易程序比較有關。你採用直線銷售說服系統時，要求下訂三、四次應該就很夠了。請記住，這樣跟對別人施壓、要他們做出不好的決定沒有關係，而是跟利用直線銷售說服系統，在理性和感性的水準上，創造出居高不下的確定性有關，這樣你才可以在壓力低又優雅的情況下，要求下訂。

下面是結束交易階段中可以採用的典型語言型態：

「給我一次機會，相信我，即使我只說對了一半，你會碰到的唯一問題，是我應該在半年前就來拜訪你，讓你從那時就開始運用才對，這樣聽來合理嗎？」

因此，你現在完成了任務：有了建構世界級腳本的基本架構，讓你可以開始完成大量的交易。

一旦你經歷完建構腳本的程序，寫出最後定稿，你該做的事情就只剩下兩件：**訓練和練習**。

我恨不得馬上告訴你，如果你花時間，把你的腳本大聲讀出來，而且不斷練習，到你在潛意識的水準中確實記住的程度，那麼你一定會得到極大的報酬。

我現在不敢期望你第一次嘗試時，就能夠做到這麼完美，但是，我要告訴你，腳本的撰寫具有非常高的「夠用就好因素」，也就是即使你寫的腳本只是勉強可用，你的成交比率還是會急劇提高。

我總是會碰到有人問我，「我什麼時候應該運用自己的腳本？」我的回答始終都是：

「永遠都要利用！」

不論你是親身推銷，還是用電話行銷，你都應該隨時利用你的腳本。你會問，親身推銷時要怎麼運用呢？

很簡單，背起來。

就像我說的一樣，我希望極為熟悉自己的腳本，最好到熟極而流的程度。請記住，百分之十的人際溝通是靠文字，剩下的百分之九十要靠聲調和肢體語言。記住腳本後，就可以釋放自己的意識心靈，聚焦在百分之九十上面。

因此，我請你繼續朗讀自己的腳本，確保所有的語言型態和過渡語句都變得流暢無比。雖然這得花點時間，但是我跟你保證，這樣會大大地值回票價。

12 完全掌握銷售循環的藝術與科學

從我發明直線銷售說服系統那天開始，我一直都在努力把一條核心原則灌輸到我所訓練的所有人心中，這條原則是：要到潛在客戶反駁你，說出第一個反對理由時，銷售工作才真正揭開序幕，你一定要等到這個時候，才有機會捲起袖子，開始賺錢。

因此，無論你銷售什麼產品，潛在客戶在你第一次要求他們下訂時，只可能有三種回答方式。

他們可能說：

- **好——意思是這筆交易已經完成，現在該開始處理文書作業、開始收錢了。**

基本上，這是我在第二章裡說的垂手可得的銷售任務，潛在客戶在銷售接觸開始前，就已經接受過事前銷售。身為業務人員，我們很愛碰到這種情況，但是從實際的觀點來看，這種案例太罕見，我們不能相信會有這種預期結果。

這裡的關鍵是管理你的期望。

垂手可得的交易在你從來不抱希望的情況下出現時，你會滿懷謝意，這種狀況保證你進入銷售過程後半段時，會像開始銷售時一樣，抱著同樣水準的確定性和積極心態。

■ **不好——意思是潛在客戶確實沒有興趣，現在應該結束銷售接觸，去找下一位潛在客戶了。**

然而，實際上，如果你正確遵循直線銷售結構的步驟，那麼你在銷售過程的這個階段，應該幾乎不可能聽到「我沒有興趣」這樣直率的回答。畢竟，你已經在收集情報的階段裡，剔除掉會這樣說的潛在客戶。

換句話說，你會對潛在客戶一直說明到現在，只有一個原因，就是潛在客戶回答你收集情報的問題時，不但表示對你的產品有興趣，還表示需要你的產品，也買得起你的產品。

因此，你說完和潛在客戶極為搭配的一系列好處後，符合所有必要規定的潛在客戶會在突然間，出現一百八十度的轉變，簡直是徹底違反邏輯的事情。

用百分比來說，你碰到這種直接拒絕的可能性，跟碰到垂手可得狀態的機率完全相同，都不超過百分之一或百分之二。

■**第三種回答方式是「可能」——意思是潛在客戶還在觀望，可能買、也可能不買。「可能」涵蓋業務人員在銷售後半段通常會碰到的所有常見的反對理由。這種反對理由總共有十二到十四種，不過大約半數只是其中兩種反對理由的變化型態。**

第二章已經列出所有常見的反對理由，但是，為了方便起見，也為了喚起你的記憶，下面要再度列出一些最常見的反對理由：

「我要想一想」、「那我回電給你」、「寄給我一些資訊」、「我現在手頭緊」、「我有另一個合作供應來源（或供應商或營業員）」、「現在的時機不好（包括現在是報稅期、現在正在放暑假、現在是聖誕季、現在是會計年度結束的時候），以及「我必須先跟別人談過（包括跟配偶、律師、會計師、事業夥伴、財務顧問談過）」。

偏離的藝術

假設你是股票營業員，你用散彈打鳥的方式，打電話給富有投資人，設法說服他們在你們的號子裡開新戶頭，你推薦他開戶交易的第一檔股票是微軟，微軟目前的股價是三十美元，你們號子規定的最低開戶金額是三千美元，剛好可以買一張微軟股票（譯註：美股為大股，一張為一百股）。

如果你採用標準的兩次拜訪系統，那麼你完成銷售任務的比率為百分之三十，也就是每十位你第二次接通電話的潛在客戶中，有三位會接受你的推銷——這百分之三十的潛在客戶中，有九成的人在你三催四請、要他們下單後，會買進股票。

從開始到結束，你大概要花三分鐘的時間，完成銷售過程的前半部，再花十到十五分鐘的時間，完成銷售過程的後半部，雖然你可能認為，前半部的時間短得不尋常，但是，你必須記住的是，利用兩次拜訪系統時，你所有的收集情報和最初建立融洽關係的工作，幾乎都必須在第一通電話裡完成，讓你在打第二通電話時有很好的開始。

這不表示你開始說第二通電話時，不必花一點時間，跟潛在客戶重新拉拉關係；但是這整個過程所花的時間不應該超過一分鐘，跟第一通電話花五到七分鐘的情況不同。

具體地說，重建關係的過程包括你引導潛在客戶李四，經歷下面說的各個步驟：

1. 以稱呼李四名字的招呼方式，開始自我介紹，然後快速地重新介紹自己——說出你的姓名、公司名稱和所在地——還要問候李四今天過得如何。請記住，從你開口說第一個字，你就必須運用積極樂觀的聲調，話中還要透露出一絲含蓄式的熱心。

2. 提醒他，你們兩個幾天或幾星期前談過話，你還用電子郵件寄給他一些你們公司的資訊。不要——我重複一遍，不要——問他實際上是否收到資料、是否有時間看過，因為他非常可能對其中至少一個問題，回答「沒有」，進而得到從銷售接觸中輕鬆脫身的方法。避免這種局面的方法是只問他，對你們的談話是否「有印象」，他幾乎總是都會答「有」。

3. 他答「有」之後，你就簡短地跟他解釋，你們上次談話時，他要求你，下次你看到特別好的投資概念時，要打電話給他。

4. 如果他答「沒有」，那麼，你要顯得有點驚訝的樣子，卻要把問題歸咎於他每天一定接到無數電話和電子郵件，然後你要跟他保證，你確實跟他談過話，也確實用電郵寄給他一些資訊，但是他不必擔心，因為郵件內容只是你們公司的一些背景資料而已。然後，你要結束第三個步驟，提醒他，說他要求過你，下次有什麼投資構想時，要打電話給他。

5. 解釋你剛剛看到好久以來最好的東西，要是他有一分鐘的時間，你願意跟他分享這個概念。

6. 利用理性的聲調，問他「有一分鐘時間嗎？」，至此結束你的介紹階段。*

下面要用腳本的形式，展現重建關係的過程，也說明潛在客戶典型的反應方式：

你：嗨，李四在嗎？

潛在客戶：在，我就是。

你：嘿，李四，我是張三，從華爾街的某某券商打電話給你，你今天好嗎？

潛在客戶：我很好。

你：好，太好了！噢，李四，你還記得我們幾星期前談過話，我曾經用電子郵件，把我們某某證券公司的一些資料寄給你，還附上我們最近推薦股票的一些連結，你有印象嗎？

潛在客戶：噢，有，應該有。

你：好，太好了！噢，李四，我們上次談話時，我承諾過，要是我看到上檔潛力極大、幾乎沒有下檔風險的投資概念時，要給你打電話。噢，今天我會打電話給你，原因就是我剛剛看到的東西，可能是我過去半年來所看過最好的消息，如果你有六十秒的時間，我想跟你分享這個概念，你有一分鐘時間嗎？

就這樣搞定了。

你從這裡開始，順利過渡到銷售說明的主體部分——遵守前一章所列、跟建構腳本

＊請上 www.jordanbelfort.com/tonality 聽聽這種聲調。

有關的法則和指引，然後在銷售過程上半段結束時，第一次直接要求潛在客戶下訂，你要求下訂的話語要十分明確，不能有類似拐彎抹角的地方，要直截了當的要求下訂，同時說：「李四，我希望你做的事情是：用每股三十美元的價格，買一萬股微軟，你可以支出三十萬美元，購買現股，用融資的話，現金支出只要一半……」就這樣，你們之間商量交易的型態就結束了。

實際上，這筆交易金額遠比你期望潛在客戶的最後投資金額大多了，你利用第一回合嘗試的機會，要求這麼大額的投資，會得到機會，在後來每次試圖商量交易時，逐步降低投資金額，而且可以算好降低金額的時機，以便在你最後一次嘗試時，要求潛在客戶投入你們公司規定的最低開戶金額。

用一般的銷售術語來說，我們把這種策略叫做降級銷售法，在推銷購買金額可以輕易提高或降低的產品上，這種策略可能是商定交易的有力工具。例如，在上面的例子裡，你可以在後續銷售說明中第二次要求他下訂時，先增加他在成交等式中得到的好處後，再讓他從投資一萬股降為投資五千股，把成交等式中資源投入的部分減少一半，這樣會創造極為有力的連續強打，大幅提高你完成交易的比率。你第三次嘗試交易時，當然可以把股數降為一千股……在第四次嘗試時，可以降為五百股，一直降到公司規定的最低開戶金額為止。

現在請記住，你第一次嘗試洽商交易時，充分預期會碰到別人提出反對理由，因此你的內心獨白應該會說，「啊，就像預期的一樣！這是代表不確定的障眼法！我該捲起袖子，努力賺錢了！」其實潛在客戶選擇哪一種反對理由並不要緊，因為你會用完全一模一樣的方式，回答所有的反對理由。

例如，假設李四回答，「聽起來挺有趣的，讓我想一想。」

你對這種答案，要用直線銷售法中對最初反對理由的標準答案回答，也就是要說：**「我聽到你說的話了，李四，但是請容許我問一個問題：你覺得這個構想合理嗎？你喜歡這個構想嗎？」**

同樣的，如果李四說：「我需要跟我的會計師談談。」那麼你要說：「我聽到你說的話了，李四，但是請容許我問一個問題：你覺得這個構想合理嗎？你喜歡這個構想嗎？」

如果他說：「現在時機不好，」那麼你要說：「我聽到你說的話了，李四，但是請容許我問一個問題：你覺得這個構想合理嗎？你喜歡這個構想嗎？」

換句話說，一開始，不管潛在客戶用十二到十四樣常見反對理由中的哪一項回答，你總是用完全一模一樣的方式回答。

你要說：

「我聽到你說的話了，李四，但是請容許我問一個問題：你覺得這個構想合理嗎？你喜歡這個構想嗎？」

請注意，你不直接回答他的反對理由，而是改變反對理由的方向。

明白講，你承認你聽到李四說的話，這樣會確保他覺得沒有遭到忽視，你們的融洽關係沒有破裂，然後你把談話扭轉到比較有利的方向，希望找出他在三個十分量表中的產品量表上，處在什麼地方。

在直線銷售法的術語裡，我們把這種過程叫做「扭轉方向」，屬於直線銷售結構中的第六步。基本上，你扭轉潛在客戶最初反對理由的方向時，是用兩段式的過程，避免正面回答。

第一步只有一句簡單句，卻充滿理性的聲調*——我聽到你說的話了。

你的話讓潛在客戶知道你聽到他的反對理由了（因此，你沒有忽視他），而且你的聲調讓他知道，你完全尊重他有權有這種感覺，這樣會確保你們有非常融洽的關係。

第二步也只有一句簡單句——**請容許我問一個問題：你覺得這個構想合理嗎？你喜**

歡這個構想嗎？——你說這句話時，要充滿這點跟錢無關的聲調。

因此，你的話再度把談話方向扭轉到有利多了的路上，在這個例子裡，這樣會確定李四現在認為微軟是優異買進標的的確定性水準；你的聲調確保他不會因為你的問題，而感受到如果他承認喜歡你的產品時，你會用這一點對他不利，逼迫他購買。畢竟如果他覺得這樣，那麼他回答時，會大幅降低自己的熱心水準，這時你最不希望潛在客戶這樣做。

為什麼？

很簡單，雖然在銷售過程的前半段，潛在客戶說是，就足以推動銷售過程繼續前進，但是在銷售接觸的後半段，你卻需要熱心的肯定答覆，才能繼續前進。

原因在於潛在客戶所說「是」的熱心水準，會變成你衡量他在三個十分量表上確定性水準的主要憑藉。

例如，假設他用互相矛盾的聲調說：「對，聽起來相當好。」

現在你要問一個非常重要的問題：包括互相矛盾的聲調在內，李四的回答在確定性

＊請參閱 www.jordanbelfort.com/tonality 網站，聽聽這種聲調。

量表上應該落在什麼地方？三分嗎？還是五分、九分或十分？

情形很清楚，顯然不是十分。

如果潛在客戶落在十分上，你一定會知道。他的回答會像下面這樣：「哇，對，絕對喜歡！對我來說，太合理了，我好喜歡這個點子！」基本上，他的肯定偏向會極為強烈，以至於在他的話語和聲調中，超高的確定性表露無遺。

同理，落在一分上也是這樣，只是情況正好相反。他的回答會像下面這樣：「不對，我一點也不喜歡，這是我所聽過最愚蠢的構想。」他也會顯出厭惡之至的聲調。

介於中間的水準比較難以精確反擊，潛在客戶的確定性顯然不只兩、三分，否則話中的情感會負面多了。相反的，潛在客戶的確定性也不到八、九分，否則話中的情感會積極多了。

這麼說來，他的落點在哪裡？

根據李四的答覆來看，他應該在確定性量表上的什麼地方？

噢，我說介於中間的水準比較難以直接反擊時，並不是在開玩笑，但是，根據他的話語和聲調，我應該說，他的確定性水準在五到六分之間，雖然也可能是四分，但是可能性比較小，因為我覺得，他那種互相矛盾的樣子似乎比負面還積極一點。

因此，根據這一點，也根據我多年估計潛在客戶確定性水準的經驗，如果要我選擇一個數字，我會把李四放在六分、而不是五分的地方，不過不管選擇哪一個數字，都不會影響結果。

我現在故意把囉哩囉嗦的解釋告訴你，目的是要點破一個很重要的事實，就是：循環是一種科學，更是一種藝術，你不必讓自己瘋到努力根據潛在客戶的回答，了解他確實的確定性水準。

只要你可以大致分辨潛在客戶的確定性水準，那麼，你就會有足夠的資訊，決定自己是否能夠安全地向前進，嘗試洽商交易，或是需要循環到銷售過程的前半部，以便提高潛在客戶的確定性水準。

因此，即使我把李四的回答，放在確定性量表上六分的地方，你認為，對你來說，在銷售直線上繼續前進有道理嗎？

答案是沒有道理，絕對沒有道理。

對李四或任何潛在客戶來說，在確定性量表上得到六分，仍然不足以讓他們慎重考慮拿出辛苦賺到的錢來買東西，不管是買三十萬美元的微軟股票，還是買五百美元的雞蛋水餃股；是買十二萬美元的二〇一七年份的賓士，還是五百美元的十段變速自行車；

是買九萬美元的最先進家庭劇院系統，還是買三百九十九美元的四十二吋平面電視，是買七萬五千美元的速食連鎖店，還是買九百九十七美元的直線銷售說服系統自學課程。

因此，你不應該繼續前進、不應該試圖敲定交易，應該循環到銷售接觸的前半段，回到你剛剛說完直線銷售說服系統說明主體部分的地方，開始進行後續說明，建立你在最初說明中，已經架構完備的嚴密之至又合乎邏輯的道理。

基本上，你的後續說明要從脫離邏輯架構的地方重新開始，利用你最有力的好處和前後一貫的主張，把邏輯架構變成無可辯駁、無可爭論、最有道理又嚴密至極的論證，同時利用同步──同步──引導的先進聲調，開始建立感性的確定性。

你利用這個型態，可以同時達成兩種重要的結果：第一，你希望把潛在客戶的理性確定性水準，盡量提高到接近十分的地方；第二，你希望開始把潛在客戶的感性確定性水準，盡量提高到接近十分的地方。

我們要從李四的聲調互相矛盾、造成他落在理性確定性量表上六分的地方，開始一步、一步檢討這兩種過程。

李四的回答相當明確：「對，聽起來相當好。」

你對這種回答的直線銷售式的標準答覆是：

「確實如此——這裡真的是非常好的買進機會！事實上，這裡真正的好處是……」然後，直接進入你後續說明的主體。

同樣的，如果潛在客戶說，「大概是這樣，聽起來還好。」這種輕蔑的聲調會讓他落在確定性量表四分的地方，這時，你應該說：「確實如此——這裡真的是非常好的買進機會！事實上，這裡真正的好處是……」

如果他說：「絕對是這樣！聽起來像是非常好的投資。」那麼這種熱心的聲調會讓他落在確定性量表上八分、甚至九分的地方，這時，你應該說：「確實如此——這種水準真的是非常好的買進機會！事實上，這裡真正的好處是……」

基本上，就像扭轉方向的過程一樣，不管潛在客戶怎麼回答、不管他的回答落在確定性量表上的什麼地方，你總是用相同的話回答；但是，要改變的地方是你的聲調。

這裡我要盡快解釋一下。

還記得我說過我兒子卡特練完足球後很生氣，我用同步——同步——引導的聲調策略，把他安撫下來的故事嗎？

這正是你現在要做的事情——開始運用這個策略的第一步，進入潛在客戶目前所在的天地裡，然後你要跟他同步、再同步，接下來你要引導他，走向你希望他走的方向。

例如，因為李四回答的聲調落在確定性量表的六分上，你不應該用十分的聲調回答他（否則你會立刻破壞你和他之間的融洽關係，他會認為你是使用高壓銷售手段的人）。相反的，你應該用略高於六分的水準回答他，例如用六．二或六．三分的水準回答，這樣你可以微微推著他，向著你希望他走的方向走過去，你卻仍然能夠進入他現在所處的世界裡。你要從這裡開始，過渡到你後續說明的主體部分，對他運用同步—同步—引導的策略，在你的聲調中，緩慢提高確定性水準，引導他向著你希望他走的方向走去——你要掌握時機，以便在你運用這種型態到一半時，把你的聲調提高到最高峰，然後你要維持這種絕對確定的聲調到結束為止。

這種情形中的唯一例外是：如果潛在客戶的回答，在確定性量表上的分數低於三分，你要立刻結束銷售接觸，把目標轉移到下一位潛在客戶。因為在你剛剛架構完十分嚴密的邏輯論證後，潛在客戶對你的產品仍然有這麼負面的感覺，那麼他一定不是真正的買家。事實上，跟你打交道的人，不是只看不買的奧客，就是有著扭曲幽默感的人，因為擁有這種負面情緒水準的潛在客戶，應該在你收集情報的階段中，就已經表現出這種情感，遭到你剔除掉了才對。

就是因為這樣，低於三分的回答在這個時候才會極為罕見，大部分情況下，你要打交道的人都會落在五到七分之間，大約有百分之十的人，落在這個範圍的兩邊。

請記住，判定潛在客戶落在確定性量表上的什麼地方，並不是確切不移的科學，因此，你必須運用自己的常識。例如，如果你認定潛在客戶落在確定性量表上兩分的地方，但是直覺告訴你，他仍然可能是買家，那麼你該用不相信的聲調，重複他的負面回答，然後再問他對你的產品真正的感覺是不是這樣，如果他的回答落在高於五分的地方，你就可以開始向前推進，但是要慎重其事，因為在整個銷售過程的後半段，不把非買家變成買家、不到三分的潛在客戶都要放棄的原則，仍然適用。

相反的，你對高於這種分數的每一個人，當然每次都要利用已經證明有效的相同語言型態，過渡到後續說明階段。

你要說：「確實如此！這種價位真的是非常好的買進機會！事實上，這裡真正的好處是……」然後你直接進入後續說明階段，後續說明一定會有力之至，以至於連最多疑的潛在客戶聽過後，都會別無選擇，只會覺得這樣在理性上很確定。

我要認真地說，我甚至不可能高估這種語言型態的重要性，從各種角度來說，這種語言型態一定都非常有道理，不論從數學、經濟學、邏輯、價值命題、增加好處、消除痛苦、支出資源的角度，還是從策略性運用盡量放大和壓低的修飾字眼、證明言之有理的字詞、強而有力的字眼、比較、比喻和值得信任的數字等角度來看，這個語言型態都非常有道理，然後你要利用同步—同步—引導的策略，把這種語言型態完美無缺的說出，同時創造感性上的確定性。

為了完成這種型態，你每次都要問相同的誘導性問題，對潛在客戶進行查證（維持你利用同步—同步—引導策略時所用的高峰聲調），這樣可以讓你衡量客戶在第一種十分量表上確定性提高的程度，你要問：

「你聽懂我剛剛說的意思了嗎，李四？你喜歡這種構想嗎？」

因為你已經剔除所有說出負面答覆的人，這時，即使傳統的後續說明完全是胡說八道，你總還是會聽到某種形式的肯定答案。然而，問題是大致上的肯定答案已經不夠好，因為你在這一次循環前進中，實際上要做的事情，是找出鎖住李四購買策略的大鎖。

李四像所有潛在客戶一樣，有著由五個數字構成的購買號碼鎖，你像應付所有號碼鎖一樣，不但需要知道五個號碼是什麼，也需要知道號碼的順序。

你碰到的對象是人時，需要破解的第一個號碼是第一種十分量表；你必須聽到潛在客戶說出熱情的肯定答覆、在確定性量表上至少要有八分，才能認為你已經破解第一個號碼，不過，分數愈接近十分，你愈可以確定自己找對了號碼。然而，有時候，要讓潛在客戶升到十分的地方非常困難，因為真正的十分代表極度確定的狀態，已經接近信念的水準，但信念可不是片刻之間就可以產生的，要花時間形成，需要重複曝光在相同的觀念中，又不受互相競爭的觀念抵銷。

因此，要把潛在客戶推升到確定性量表上十分的地方，特別要靠你所銷售的產品。例如，如果你銷售相當著名、名聲無可挑剔的東西，如 iPhone 手機、賓士 S 級轎車、臉書股票、微軟的技術支援服務、東方特快車的頭等座位，或是梅約醫院的全身健康檢查，那麼，你就非常有機會把潛在客戶推升到十分的地方。相反的，如果你銷售沒有人聽過的無名產品，那麼十分就有點像鏡花水月。

另一方面，九分幾乎總是可以達成的目標。事實上，除了少數例外，你總是可以把潛在客戶推升到九分的地方，升到足以跟將近百分之九十潛在客戶敲定交易的程度。而且就剩下的百分之一潛在客戶來說，你其實也可以跟他們做成生意，但是這點要在幾分鐘後，我談到購買號碼鎖第四個數字——行動門檻時，才會回頭談起。

因此，你要用非常熱情的聲調結束後續說明，對李四說：「你聽懂我說的話了沒，李四？你喜歡這個構想嗎？」

李四的回答會跟你預期的完全相同，這一點要感謝你執行同步—同步—引導策略時，創造了無可辯駁、嚴密之至的邏輯論證（你也可以預期大多數潛在客戶會這樣，只要你的後續說明繼續維持高品質，又採用同步—同步—引導的策略）。李四會非常熱心地說：「絕對沒問題！我太喜愛這個構想了！我覺得太有道理了！」你對這番話，要用跟李四相同的聲調說：「完全正確！這檔股票這時真的是棒透了的買進標的。」就像這樣，你一舉結束這些型態的運用，在理性和感性上推動李四前進。

現在我要快快問一個問題：

因為你剛剛把李四理性的確定性提高到至少九分，也把他感性上的確定性至少提高到七分，你會不會覺得自己應該利用機會，再次要求李四下訂？畢竟，如果李四的行動門檻很低，現在豈不是你利用最後機會，跟他敲定交易的時刻嗎？

答案絕對是否定。

雖然現在李四在第一種十分量表上，分數很可能高到足以讓他有十足的理由買東西，但是在銷售過程的這個階段，你唯一該做的事情，是讓他把重點移到第二種十分量表上，也就是移到你這位業務人員身上，因為李四必須信任你，跟你的關係非常密切，你才有機會跟他敲定交易。而且，雖然你建立的融洽關係在創造那種機會上，可能有些幫助，但現在李四根本沒有足夠的理由信任你，他信任你的程度，還不足以讓他接近能夠安心購買的程度，而且至少現在他還沒有這樣做的理由；你要創造出一個這樣的理由出來。

因此，你要利用兩種互相配合、非常有力的語言型態，在第二種十分量表上，把潛在客戶迅速推升到高出很多的水準上，同時為你自己做好準備，以便無縫過渡到第三個十分量表上。

我要引導你，一次處理一個問題，我先從李四對你所做後續說明的回答說起，他的回答在第一種十分量表上的確定性高達九分。

「絕對沒問題！」他大聲說道：「我太喜愛這個構想了！我覺得太有道理了！」

「完全正確！」你回答說：「這檔股票真的是棒透了的買進標的！」

你就這樣正式結束上一個型態，把上一個型態當成新型態的跳板，在兩個型態之間暫停一下，以便消解你突然從絕對確定聲調，變成神祕又使人著迷聲調之間的落差。

噢，你馬上要用神祕又使人著迷的聲調，問李四一個很深奧的問題，讓他聽出你的言外之意：「我剛剛憑空想到一個非常有趣的問題，因此這個問題顯然跟我的上一個問題完全無關，跟你所說喜愛我的產品也完全無關，因此請你就像我憑空問你一樣，隨心所欲地回答！」

這些事情當然都不正確，因此你絕對不會這樣說，不過光是利用聲調暗示這種事情，就會降低你所問所有問題引發的懷疑，尤其是因為從現在起，這些問題會變得尖銳多了：

「完全正確！」你大聲回答，結束你的上一個語言型態，「這檔股票真的是棒透了的買進標的！」然後你暫停片刻，改用神祕又使人著迷的聲調說：「噢，李四，我要問你另一個問題。」你現在改用跟金錢無關的聲調說：「如果過去三、四年裡，我是你的營業員，一直替你賺錢——」現在你改用「暗示性顯而易見」的聲調，「那麼你現在很可能不會說，『讓我考慮一下，（你的名字）。』而是說，『至少替我買個幾十張股票。』」然後，你改用理性的聲調，補上一句，「我說的對嗎？」

這時你會發現，至少百分之九十五的潛在客戶會對你徹底坦白，說些簡短卻貼心的話，如「對，噢，我應該會這樣！」或「當然是這樣！我是說，誰不是這樣呢？對吧？」或「對，那是完全不同的事情。」

不管你最後聽到的是什麼樣的答案，全都可以歸納成同樣的現實，就是潛在客戶剛剛坦白承認，對他來說，信不信任是現在唯一的根本問題。

換句話說，一旦潛在客戶公開承認喜愛你的產品，那麼，他們公開承認信任是阻止他們購買主因的重要性，就會大幅提高，進一步的事實是，一旦他們明確承認，其實缺乏信任才是阻止他們購買的原因，他們告訴你的虛假反對理由不是真正的原因——你現在已經切入直線銷售說服系統的核心目標：排除（造成一般業務員破壞融洽關係、墜入死亡螺旋的）所有推託之詞和障眼法，因此你直指潛在客戶的內心，知道阻止他購買的真正原因，是他在第二個十分量表上的確定性不足，或是他的行動門檻極高或痛苦門檻很低，如此而已。

現在，你要動用全部力量，對拒絕你的假設、讓你困擾的百分之五潛在客戶，發動攻擊。他們就是拒絕你的假設，不承認阻止他們購買的原因是缺乏信任，不是什麼虛假反對理由的那些人。

但這樣顯然不表示你要用生氣、憤慨的聲調責罵李四：「等等，白痴，你不該再到處胡鬧了……」你的聲音反而應該帶著幾近嘲諷、卻攙雜不敢相信的聲調，大致上要用可以贏得他尊敬的方式，指責他在胡說八道，你要這樣說：

「等等，李四，你是不是要告訴我，如果我曾經叫你用七美元的價位，買進永備化學、然後以三十二美元賣出，再叫你用十六美元的價格，買進美國鋼鐵，再以四十一美元賣出，而且叫你用七十美元的價格買進臉書，再叫你在一百三十美元時賣掉，那麼你現在應該就不會說：『快點，現在當場就替我至少買進幾十張微軟股票』，是這個意思嗎？」

在這種情況下，李四和剩下的百分之五潛在客戶，全都會坦白招供，大致上會完全像另外百分之九十五的人一樣，回答說：「對，呃，在那種情況下，我會買進的。」唯一的差別是，其中很多人會用略微帶有辯護性的聲調回答，好像他們的答案突然改變不是他們的錯，而是你的問題反覆不定的錯一樣，他們的聲調非常像是在說：「噢，為什麼你不一開始就這樣問我？」但是你當然這樣問過他們，問題是他們料不到別人會罵他胡說八道，因此他們正在努力地退而求其次，希望挽回顏面。

無論如何，你現在的情況仍然十分完美，因為等你說出下一個語言型態時，他們的辯護之詞很快就會消失無蹤，而且從你成功的重新架構這筆生意的事實來看，你現在處在完美的地位上，立刻可以敲定這筆生意。

雖然李四原來的反對理由是「我要考慮一下」，你卻跟所有業務員不同，不問李四下面這種無路可退的問題，「噢，請你告訴我，李四，你到底要考慮什麼？」你就這樣控制了銷售過程，開始探詢構成他購買策略的號碼鎖。

另一方面，潛在客戶卻徹底大吃一驚，因為你對待他的方式，跟他習見的方式完全不同——包括在他想到之前，就答覆他的反對理由。例如，他真正的反對理由是他不認識你，因此沒有信任你的基礎；但是，你卻有辦法用非常優雅的方式，讓這個問題浮上檯面。你現在只需要設法迴避這個問題就行了，也就是你要說服你才認識五、六分鐘、可能還沒有親自見過的人，這個人可能住在國土的另一端，或是世界的另一端，你卻要說服他在接下來的一分鐘內，對你生出相當高的信任度。

這個任務似乎相當艱巨，對吧？

噢，信不信由你，這種任務其實相當簡單，這點要感謝一種極為有力的語言型態，這種語言型態的名字出自一位智商只有六十五，卻仍然三次獲邀前往白宮，接受各種成就獎表揚的人，其中一次是因為跟中國進行乒乓外交卓有成就，因而獲得表揚。

要是你還沒有猜到是哪一個人，告訴你，我談到的名人不是別人，正是會打乒乓球、曾經慢跑橫越美國、有早洩問題、熱愛珍妮的傻瓜佛里．阿甘，他六歲時的化身，啟發了以他為傲而命名的阿甘型態。

我認為，我可以安全地假設，除非過去二十年裡，你住在北韓，否則你一定至少看過電影《阿甘正傳》兩次，很可能還看過三次。

總之，這部電影開始時有一幕，是小時候阿甘第一天上學，在路邊等校車的情形，他靠著小小的腳部支架支撐，站在那裡，兩眼像平常一樣，凝視著天空。然後，突然間，一輛校車停了下來，車門霎時打開，阿甘抬頭望著校車上的女司機，女司機也看著他，他就這樣站在那裡，像被大燈照著、絲毫不敢動彈的小鹿一樣，人也沒有上車。

女司機板著臉孔，嘴角叼著一根菸，顯然還不知道自己要打交道的是什麼樣子的人，因此她用直率的聲調問：「你要上車嗎？」

阿甘回答說：「媽媽說過，不要搭陌生人的便車。」

女司機終於了解自己要應付的是什麼樣的人，因此她略微放軟聲調說：「噢，這是要開往學校的校車。」

唉，這樣並沒有解決阿甘的核心問題、沒有解決校車司機是陌生人的核心問題，因此阿甘就這樣站在那裡，抬頭望著駕駛座上的女士，女司機跟他對看，不知道該怎麼辦。

突然間，奇妙的靈感浮上阿甘的心頭，他想出用最簡單的句子打破僵局的方法，「我的名字叫佛里；我是佛里．阿甘。」

阿甘簡單的解決方法讓校車司機刮目相看，就綻放著笑容，回答說：「噢，我的名字叫桃樂絲，我是你的校車司機。」

阿甘回答說：「噢，我猜我們不再是陌生人了。」他覺得十分安心，就踏上了校車。

這個例子顯然很簡單，卻不會改變其中蘊含的驚人深意。噢，這是人類這種物種的建構方式，我們碰到轉捩點時，可能在幾秒鐘內，從完全而徹底的不信任，變成極為高水準的信任；但是，如果你去分析兩方面的極端變化，你會發現，真相通常埋在中間的什麼地方，在銷售環境中尤其如此。

例如，這麼久以來，我其實看過幾千次潛在客戶起初帶有疑心到帶有敵意，三十分鐘後，卻願意替我烹煮有五道菜的大餐，同時還忙著打電話給朋友和親戚，告訴他們，他剛剛認識了世界上最偉大的房貸經紀人，他們的朋友應該也透過我，為自己的住宅重新辦理貸款——雖然其實我還沒有做出半件事情，不足以承擔那種熱情的背書。

但是人就是這樣構成的，在銷售環境中更是如此。信任的鐘擺開始擺動時，會一直擺動下去。要讓鐘擺擺動，關鍵是在進入銷售接觸前，要花時間，寫出有力的阿甘式語言型態。

因此現在我們要深入檢討這一點，我們要從前面我們擱下來的地方、也就是從李四承認其實缺乏信任才是阻止他的真正原因，不是他最初的反對理由阻止他的地方，重新開始檢討。雖然他的回答簡短而貼心——「噢，對，在那種情況下，我會買進的。」——這樣不會奪走其中的深意。事實上，這句簡單的話不但象徵銷售中的重大轉折，也代表你要開始運用你的下一個語言型態。

你現在要用同情的聲調說：「我可以了解這一點，你不認識我，我又不夠幸運，拿不出績效紀錄給你看，因此我還是花點時間，重新介紹自己吧。」「我的名字是（說出你的姓名），我是（說出你們公司名稱）的（你的職銜），我在那裡已經服務（實際服務年數），我深感自傲的是……」

你現在要把自己的一些事情，告訴潛在客戶，例如你的學歷、證照、特殊才能、贏得的獎項、在公司裡的目標、你在倫理道德、誠信和客戶服務上的立場、對他和他家人來說，你這種資產長久之後會有什麼好處。

此外，你要像盡量多花時間、寫出最好的自我介紹一樣，也要寫第二和第三個版本，碰到銷售過程拉長，你必須利用額外的循環技巧時，這樣可以確保你繼續明智地談論自己，不會說出蠢話。

因此，你已經重新推銷屬於第一種十分量表的產品，也重新推銷屬於第二種十分量表的自己，現在該重新推銷站在你的產品後面、屬於第三個十分量表的公司了，做法是直接從阿甘式語言型態，進入專門為了這樣做、為了提高潛在客戶在第三個十分量表上的確定性水準、所設計的新型態。

換句話說，你說完阿甘式語言型態時，你（不像說完前一個語言型態時一樣）不問潛在客戶問題，而是利用「從我們公司的立場來說……」這句話，作為轉折，直接進入重新推銷你們公司的新型態。

例如，假設你利用阿甘式型態，設法向潛在客戶李四傳達的最後一點是：你不但要告訴他什麼時候該買，還要告訴他什麼時候該賣。下面的例子說明你說完阿甘式型態後，應該怎麼利用轉折句，你應該說：

「我不但要引導你進入這個構想，也要引導你走出這個構想。而且就備受尊敬的我們某某證券公司來說……」

基本上，這樣是無縫轉接，從結束重新推銷第二種十分量表的地方，直接進入重新推銷第三個十分量表。

為了替第三個十分量表寫出非常好的語言型態，你現在應該遵循我剛才寫阿甘式型態時的模式，盡量多花時間，從理性和感性的基礎上，寫出描述你們公司最好的版本，而且為了安全起見，我希望你寫出第二和第三個版本，確保你利用額外的循環做法時，不至於沒有明智的話可說。

說到細節，你可以寫下類似下列說法的事實：「我們是業界首屈一指的什麼、什麼……我們的成長最快速，因此我們如何、如何……我們最專精什麼、什麼領域……我們的董事長某某某是整個什麼、什麼產業中最精明的人，他完成了什麼、什麼……成就，也創造了什麼、什麼……成就，他建立公司時，最重視的核心理念是〈什麼和什麼〉。」然後，你要結束這種型態，直接轉進到敲定生意的部分，說出類似下面的話：「因此，李四，我們為什麼不這樣做……」或是說：「因此，我現在只要求這件事……」然後直接過渡到第二次要求下訂的敲定交易階段。

此外，如果你的產品狀況許可，你在這裡一定要考慮的事情，是設法縮減購買的規模，因為這樣做一定會提高你的轉換比率。基本上，你要讓潛在客戶「小試身手」，然後在他們看出你多麼能夠為他們著想後，下次你可以推動規模更大的交易。

下面列出一些縮減規模時非常好用的語言型態例子：

- **「如果你給我百分之一的信任，那麼我會爭取另外百分之九十九的信任。」**
- **「坦白說，以規模這麼小的交易來說，我把佣金分給公司和政府後，還不夠我買**

東西給我家的狗狗吃。」

- **「顯然這筆交易不會讓我發財，但是，我要再說一次，這次交易會成為未來交易的基準。」**

現在要說清楚的是，即使你賣的產品不容許縮減規模，也不會改變很多潛在客戶會在銷售直線上的這一點開始購買的事實，行動門檻低的潛在客戶尤其如此，因為破解他們購物號碼鎖的前三碼，通常就足以跟他們敲定交易。

一般說來，對你說出第一項反對理由的潛在客戶當中，大約有百分之二十的人，會因為一次簡單的循環行動的結果，在這裡敲定交易，但是其他人需要進行多一點的遊說，需要多進行幾次循環過程，解決下列三種領域中某一個領域的問題：

1. **提高他們在一種以上十分量表上的確定性水準**
2. **降低他們的行動門檻**
3. **提高他們的痛苦門檻**

進行第二和第三次循環行動

恭喜你！

你已經來到銷售過程中，體驗令人不愉快的跳躍式反對，例如，原本希望考慮一下的潛在客戶會突然改口說，需要跟太太或會計師商量，或改口說要你寄給他們一些資訊，或是改為告訴你今年的這個時候時機不好。

噢，對絕大部分的業務員來說，光是碰到一種反對理由，就足以讓銷售落入死亡螺旋，但是碰到第二種反對理由時——和第一種反對理由類似，也是代表不確定的障眼法——事情就開始變得好笑了。

一般業務員碰到第一種反對理由時，會說出特別為了駁回反對理由而設計的含蓄式反駁，做為回應，然後，會再度要求潛在客戶下訂。這樣做的問題，當然是業務員在不知情的情況下，說出為了反駁真正反對理由、而不是為了打消潛在客戶的不確定性煙幕而設計的答案。因此，業務員的反駁對潛在客戶不會有絲毫影響。

這一來，潛在客戶會有什麼行動呢？

他們會對業務員清楚說明嗎？會說：「聽著，朋友，你可能也知道，我說的反對理由其實不是真的；只是掩飾不確定性的障眼法。我只是認為，比較尊重你的說法是『我要考慮一下』，而不是『我不信任你』，後面這個理由才是阻止我的真正原因。我順便要說的是，這一點跟個人無關，只是你和我才剛剛見面，因此我自然會有這種感覺。」

「此外，事實真相是我對你的產品也不能百分之百的確定，我覺得這種產品相當好，但是我在購買前，確實需要多了解。」

如果潛在客戶像這樣說清楚，情勢顯然會變成極為有利，這時，你就可以開始把重點放在真正重要的地方、放在提高他們在三個十分量表的確定性水準上，有必要時，要降低他們的行動門檻，再提高他們的痛苦門檻。但不幸的是，情勢通常都不會這樣發展。

潛在客戶不但不說清楚，反而走上抵抗最小的道路，改說業務員還沒有機會反駁的另一個理由。

因此業務員該怎麼辦？

業務員像追自己尾巴的狗一樣，回頭找列舉含蓄反駁意見的清單，選擇一個專為對抗這條新反對理由而設計的反駁說法，然後再次重複這種程序，盡力用平順、自然的聲音說話，再立刻過渡到再次要求下訂的階段。

然後業務員閉上嘴巴，等待潛在客戶回答，深信自己最新的反駁正中要害，這次潛在客戶應該一定會同意下訂。但是，結果當然不是這樣。

潛在客戶毫不在乎的另一個反對理由得到答覆後，只要改提另一個新的反對理由就好了，然而，業務人員卻得說出另一個含蓄的答案，死亡螺旋就這樣一直持續下去。

你認為我在誇大其詞嗎？

雖然看來不可能，其實我並沒有誇大其詞。

世界各地的業務人員碰到第一個反對理由時，就會發生這種事情，除非業務人員很幸運，學過循環策略，知道要用扭轉方向的策略，避開第一種反對理由。

然而，碰到第二個反對理由時，你會變得別無選擇，必須正面應付，否則一再扭轉反對理由的方向，看來會變得似乎過於會逃避問題。不管你提出什麼反駁，回應潛在客戶的反駁，你都必須記得的事情是：所有答案的功用都是讓你得到多說話的權利。

我現在要舉一個例子，

假設你利用第一個循環策略後，李四並沒有買東西，反而在你第二次要求他下訂時說：「聽起來真的很好，你為什麼不把電話號碼告訴我呢？我幾天內會回你電話，讓你知道結果。」

你實際反駁這種反對理由時，說的話聽起來應該像下面這樣：

「我聽到你的話了，李四，但是我只想說，我做這一行已經相當久了，要是說我學到了什麼東西，那就是學到聽到別人說他們要考慮一下，或是回你電話時，最後的結果一定都是把這種構想拋在腦後，還做出正好相反的決定，原因不是因為他們不喜歡這個構想——以你來說，我知道你其實很喜歡這個點子——但是，事實很簡單，我們兩個都是大忙人，你會恢復原來的忙碌生活，忘了這件事，可是我不希望看到你這樣子。」

「事實上，我這樣說好了：目前這種情況真正好的地方，是微軟正要開始……」你就像這樣，順利地轉接回銷售過程，接上剛剛中斷的第一次循環做法的末尾、你正在建立嚴密理性和感性論證的地方。

換句話說，潛在客戶說出第二個反對理由時，你不能只是回答他的理由和再度要求下訂而已，而是要再度循環到銷售說明，利用你專門為這種目的而設計的次要語言型態，把潛在客戶在三個十分量表上的確定性，推升到更高的水準。

你現在的做法跟第一次的循環做法不同，不是從這裡直接前往結束交易的地方，而是先說一番極為有力的語言型態，以便破解潛在客戶購買策略號碼鎖的第四個數字，也就是潛在客戶的行動門檻。

推升行動門檻

行動門檻的定義是：潛在客戶覺得能夠安心購買前必須達到的綜合確定性水準。例如，我個人的行動門檻很低，意思是要賣東西給我極為容易。

為什麼？

因為你不必在三個確定性量表上，都把我推升到十分的地方，如果你把我推升到七分——八分——七分的水準，很可能就夠了，如果我買了東西，需求不能滿足的痛苦就可以消除時，情況會變得更像這樣。

下面我要說一個完美的例子。

幾年前，我在澳洲西澳省的伯斯機場裡，向門口走去時，聽到背後響起一聲很大的響聲，聽起來像是有人大力打著高爾夫球。

果然如此，我轉頭望向聲音的來源時，看到一位細瘦的亞洲籍年輕小夥子手裡抓著一支高爾夫球桿，擺出完美的獎杯姿勢，好像剛剛發完球，把球打到三百碼外的球場中間一樣。他站在用繩索隔開的某種促銷攤位裡面，我繼續向門口走去時，看到他在室內球墊上的發球座上，放了一顆高爾夫球，再流暢而優雅的揮桿。從我站著的地方看過去，他好像直接把球打到穿出窗外去，不過當我更用心查看後，卻發現球黏在球桿表面上。

原來是某家企業推出一種「革命性的」高爾夫訓練系統，在球桿表面和由某種類似海綿的材質做成、合乎法定尺寸的高爾夫球表面上，加上黏扣帶，讓你揮桿擊球時，球會黏在球桿表面上，而且你可以根據擊球點，判斷自己打出去的是左曲球還是右曲球。

總之，我看著這個小伙子另外揮幾次球桿時，慢慢地靠上去，想看清楚一點，也希望得知這些東西實際上怎麼運作。

「這真的很簡單，」小伙子信心滿滿地說：「你注意看，我展示給你看！」說完，他把球放在白色的塑膠發球座上，然後站定姿勢，斜斜地揮出優美的一桿，打在高爾夫球上，看來應該可以輕易地把球打到三百碼外的球道中央，但是，他讓我看球頭時，球果然像沾了膠水一樣，黏在球桿表面上。

「你看。」他自豪地說：「我正正地打在球的內側——就是這裡——因此，這桿應該是很好、很實在的小曲球，大概會打到二百八十碼外的短草上！」然後，他繼續解釋，說你也可以看出你擊球時，是否太靠近球桿的底部或趾部，這樣會幫助你擺脫大家最怕的斜飛球。

因此，我花片刻時間，考慮一切，我知道高爾夫是世界上最難精通的運動，在事情這麼明顯的情況下，這種小玩意兒會為我的揮桿帶來微乎其微改進的機會非常小。不過，我心裡傻瓜的一面搶著出頭，因此我問，「這個東西要多少錢？」

「只要四十九塊錢，」他回答說：「而且東西還裝在盒子裡，你可以帶著上飛機。」

「好，我要買，」我喃喃說著，就這樣當場買了下來，心裡卻十分清楚，知道這個東西幾乎沒有機會派上用場。

但是為什麼我還買？

為什麼我會做出似乎直接違反自己個人利益的決定？答案存在人類的心裡，跟人類做出購買決定的內部機制有關。

具體來說，人類的心裡會同時播放兩部電影。

換句話說，你做出購買決定前片刻，你的腦海裡不是只播放一部片子，而是播放兩部片子，其中一部是積極向上的片子，代表上檔的潛在好處，內容是如果這種產品像業務員吹噓的這麼棒，你將來會體驗到所有各式各樣的美妙好處；另一部片子是消極、負面的片子，代表下檔風險，內容是如果業務員誤導你，如果這種產品根本是爛貨，那麼你將來會體驗到所有的痛苦。換句話說，兩部片子代表最好的情況和最差的下場。

你的腦海裡同時播映這兩部片子，但是播放的速度太快了，以至於你根本不知道有這回事。拿高爾夫訓練系統為例，假設那位業務員正好是超級騙子，他的產品毫無用處。

要是我買了他的東西，我最慘的下場是什麼？

花四十九美元買東西，會害我進救濟院嗎？

不會，當然不會！

會害我的揮桿技術更差嗎？

我非常懷疑。

我會覺得自己像白痴一樣受騙嗎？

一樣不會，因為我只花了四十九美元買東西而已，因此，有什麼大不了嗎？

我估量未來的下檔風險時，頂多就是這麼慘而已。

但是，考慮我上檔可能的好處時……噢……我的想像力就可以大大發揮了。

我會告訴自己，「噢，如果這個東西能夠幫助我，擺脫可惡的斜飛球，幫忙我像那位細瘦的亞洲籍小伙子一樣，打出漂亮的發球，那麼我可以想像到，自己跟夥伴打完很長的一回合後，坐在俱樂部裡，喝了幾杯啤酒，談到自己的揮桿最近大有改進時，心裡會有多高興！」

這是非常好的例子，顯示像我這樣行動門檻很低的人，不需要任何外力的刺激，心裡就會播映非常積極向上的電影。雖然我總是強調負面電影也要播放，卻不會花很多時間這樣做，反而會削減這種電影的長度和強度，使這種電影變成很可能比應有長度短、內容也遭到稀釋的版本。

另一方面，我們要看看實際上跟我正好相反的人，也就是像我爸一樣，行動門檻超高、幾乎是世界上最難推銷的人。

事實上，除非我爸在三個十分量表上都絕對極度確定，否則他什麼東西都不會買。你絕對不可能在機場裡，把高爾夫神奇絕招賣給他，事實上，他一了解揮桿的小伙子其實是在推銷時，一定會說：「那傢伙以為自己是什麼人，居然賣起高爾夫神奇絕招來？難道時代變成不碰到別人推銷，就不能順利穿過機場了嗎？此外，誰讓這個小伙子變成高爾夫權威的？他有什麼樣的兩個卵蛋！有—那—兩—下—子！」

因此，如果你在三個確定性量表上，把家父推升到八分的地方，那他根本不可能買東西；同樣的，這種人升到八分—十分—八分或八分—九分—八分的地方時，還是不會買，要他們買東西，你一定得把他們推升到全部都是十分的水準上、還要對這件事絕對確定才可以。

我們經常發現，某些人的答覆顯示，他們處在絕對確定狀態中（三個十分量表都顯示這樣），我們卻還是不能把他們推過界線，跟他們做成生意，箇中原因就在這裡。這種人會在不同的反對理由之間跳來跳去，說「我要考慮一下」、「我再給你回電」或「寄給我一些資訊」之類的話。

碰到這種情形，你該怎麼辦？

答案是要當場降低潛在客戶的行動門檻。

方法一共有四種。

第一種方法是為潛在客戶提供退款保證。這種策略非常簡單、非常普遍，無數產業都這樣做，在網際網路上尤其流行，因為網際網路上，有大量外國賣家和沒有執照的分銷商，在網上買到不滿意產品的機會，遠比在線下市場中高多了。

第二種方法是為潛在客戶提供冷靜期或解約期。這種契約功能容許潛在客戶現在簽訂具有約束力的決定，卻可以在之後的最多五個營業日內反悔，這種做法在受到監理的行業中很常見，不動產和度假銷售行業就是例子。雖然解約期間通常由州或聯邦主管機關規定，這樣做是完成交易強而有力工具的事實卻不會改變。

第三種方法是利用某些關鍵字句，針對高行動門檻潛在客戶常見的關切和憂慮，描繪正好相反的景象，下面是這種語句的一些例子：「我會牽著你的手，走過每一步」、「我們以長期關係為傲」、「我們的客戶服務優越之至」。

第四種、也是最有效的方法，是利用非常有力的語言型態，讓你暫時「扭轉」高行動門檻潛在客戶內心播放的兩部電影，促使他們放棄播映長的不切實際的負面電影，以及極為短暫的正面電影。

換句話說，最後，我爸和我不同的地方是，我的行動門檻低，因此認為自己在面對購買決定時，會播放非常長、非常具有支持力量的正面電影，同時播放非常短、不太有害的負面電影。相反的，我爸的行動門檻非常高，認為自己面對要做購買決定的情況時，會播映非常長、非常有害的負面電影，同時播放非常短、非常沒有啟發性的正面電影。

要扭轉這種電影的方法，是利用前面說過的語言型態，根據低行動門檻個人的思路，改寫他們的個別腳本。

下面的例子是，如果李四因為行動門檻極高，繼續觀望時，你應該跟李四說什麼話：

「李四，我要坦白地問你一個問題：現在可能出現的最悲慘下場是什麼？我的意思是，假設我錯了，這檔股票實際上下跌了幾塊錢，你虧了二千美元，這樣會害你進救濟院嗎？」

「不會，」李四的答覆有點勉強。

「一點都沒錯，」你繼續說：「當然不會！假設上檔利潤像我們想像的一樣正確，這檔股票像我們想像的一樣，上漲十五到二十美元，你賺了一萬五千到二萬美元，你會很高興、很好過，卻不會讓你變成這個城市裡最有錢的人，對吧？」

「不會，一定不會，」李四回答說。

「完全正確！當然不會，這樣不會讓你變有錢，也不會讓你變窮，卻會變成未來交易的基準，會告訴你我可以在正確的時機，引領你進場和出場，因此我們為什麼不這樣做呢？」

「因為這是我們第一次合作，我們為什麼不從小一點的規模開始呢？我們不要一次買一百張，改成十張吧，這樣只需要支出三千美元的現金。這樣的話，股價上漲時，你賺的錢當然會比較少，但是報酬率還是一樣，你還是可以只根據報酬率來評斷我；相信我，李四，即使你在這個方案中的表現，只有我其他客戶的一半好，你將來唯一的問題一定是你沒有多買一點，這樣聽起來還合理嗎？」然後你閉上嘴巴，等待回應。

換句話說，如果潛在客戶沒有很快就回答你，你不要覺得自己必須填滿談話之中的空檔，開始喋喋不休，囉嗦到交易完成。

你現在處在神奇時刻，你已經根據完美的順序，摘要說明了每一種最好的好處，減少了資源的支出，降低了行動門檻，用適當的方式，以三種聲調構成的語言型態，要求潛在客戶下訂。

因此，你要默不作聲，讓客戶回答！

如果你這樣做，最後向你購買的潛在客戶中，大約有百分之七十五，會在這時購買。基本上，如果你在短短幾分鐘裡，引領這種高行動門檻的買主降低行動門檻，你就可以跨過機會之窗，跟將來會變成你最忠誠客戶的人完成交易。

的確如此，要是高行動門檻的潛在客戶有哪一點，值得你多花一點工夫，跟他們做成生意，那一定是因為他們會變成完美的長期客戶。他們通常很慷慨，不在乎花大錢，而且幾乎不會離開你，去跟別的業務員來往，即使別人給他更好的條件，也是這樣。基本上，終於找到能夠突破他們的限制性信念、贏得他們信任的業務員，會讓他們高興極了，因此幾乎無論如何，他們都會跟這種業務員長相左右。

我老爸就是完美的範例。

從小到大，我都著迷地看著他，跟少數幾位相同的業務員打交道，滿足於幾乎所有的需求，而且他從來不問相關問題，不問跟價格、交貨時間、競爭性產品、業務員推薦的選項和功能、他應該買多少件、應該得到什麼保證之類的問題。關鍵在於他認為每一位業務員都是本行的專家，他信任他們的每一個判斷。

諷刺的是，就是這種像老爸一樣超級忠誠、利潤豐厚、行動門檻很高的潛在客戶，最後幾乎都會溜出所有業務人員的手掌心，除非這些人是天生的業務員，或是研究過直線銷售說服系統。

對他們來說，這些原本「超級難纏的潛在客戶」，只不過是要多花一點時間，帶領他們走向銷售直線更前方，才能完成交易的潛在客戶，因為他們的信念需要業務人員多費一點工夫，破解他們購買號碼鎖中的第四個號碼——降低他們的行動門檻。

額外的循環行動

現在我們循環前進了兩次……還要再循環幾次？

問得好。

我是說，你實際上應該循環前進幾次？

三次、四次、五次、十次還是二十次？

我完整回答這個問題前，要先說的話是：你對到現在還沒有跟你買東西的潛在客戶，一定至少要再循環前進一次，畢竟，你還沒有破解他們購買密碼鎖中的最後一個號碼，也就是你還沒有跨過他們的痛苦門檻。

基本上，覺得很痛苦的人通常會快速行動，相反的，否認自己痛苦的人，行動通常很慢。因此，實際上，潛在客戶感受到的痛苦跟他們的行動門檻之間，多少會呈現反向的關係。

換句話說，我們可以像利用語言型態，降低潛在客戶的行動門檻一樣，每天自然發生的事情也可能影響這種門檻，遇到要降低行動門檻的情況時，主要的問題是潛在客戶目前感受的痛苦有多嚴重。

下面這個例子很完美，是這種事情在現實生活中表現出來的樣子：

我九歲時，爸爸開車載著我們前往華府，這是我們兩周暑期度假的一環，我們要一路玩到佛羅里達州的邁阿密海灘。我們開到德拉瓦州、離家大約兩小時後，水泵浦突然壞掉，車子立刻開始格格作響，儀表板上的燈光閃個不停，黑煙從引擎蓋下面冒出來，我爸一面低聲咒罵，一面把車子停在路邊。

你要知道，我爸對誰可以碰他的東西特別挑剔，這些東西包括日常基本用品，如襯衫、領帶、手錶、照相機，也包括三十年來一直由同一位理髮師剪的頭髮。但是所有的東西中，他特別挑剔的是他的車子，沒有人——真的是一個人都沒有——可以鑽到他車子的引擎蓋下面，只有本地太陽石油公司加油站非常特別的吉米是例外，其他人一律嚴禁觸碰。

但是，那一天，他和家人困在離家兩百公里的路邊，太陽開始下山，氣溫逐漸下降，你猜我爸會怎麼辦？答案是他走到最近的加油站，對老闆說：「我不管要花多少錢，就是要你立刻修好我的車子！」

關鍵是他就在那一刻，感受到家人可能陷入危險的痛苦，促使他的行動門檻降到最低點，變成世界上最容易說動的買家。

為什麼你要在兩個地方，好好運用痛苦因素，原因就在這裡：第一個地方是收集情報階段，這時你希望看出潛在客戶的痛苦所在，必要時，還要放大潛在客戶的痛苦，以便確保潛在客戶從這種角度傾聽你的說明。第二個地方是現在、也就是在你開始第三次循環前進時，要再度利用痛苦因素，你要利用聽起來像下面說法的語言型態：

你說完「噢，李四，我知道你說過，你擔心退休後，社會福利不能……」之類的話後，要藉著問潛在客戶，如果他們不採取補救行動，他們認為將來自己會碰到什麼狀況的問題，提高潛在客戶的痛苦水準。

你要用感同身受的聲調說：「李四，我要問你一個問題，因為過去一年來情勢惡化，你認為自己一年後會變成什麼樣子？或者更糟的是，五年後會變成什麼樣子，從這麼多睡不著的晚上和憂慮來說，將來的情勢會不會變得更嚴重？」你要確定自己說這種語言型態時，一直都維持非常同情的聲調。

如果你這樣做，十分之九的潛在客戶都會開口，說出類似下面的話來：「頂多維持現在的樣子罷了，但是很可能會糟糕多了。」

這時就是你的機會，是你用「我關心」和「我對你的痛苦感同身受」的聲調，說出類似下述說法的時刻：「我懂了，李四，我在這個社區走動過幾千次了，知道這種事情通常不會自行解決，除非你認真採取行動，解決問題。」

「事實上，我要說，這裡的真正好處是……」現在，你要利用你為三個十分量表創造、又經過強力整合的精簡版三重語言型態，迅速重新推銷三個十分量表，把重點幾乎完全放在等式的感性面上——利用和未來同步的技巧，向潛在客戶描繪未來至為重要、能夠免於痛苦、實際看到他利用你的產品，得到你承諾過的全部好處，覺得十分快樂的景象；然後，你要從這裡開始，直接過渡到柔和的結束階段，再度要求他下訂。

請記住，除了你第一次循環、扭轉潛在客戶的第一個反對理由外，你的循環做法開始時，總是要先利用本書所附的線上資源，*從幾十種已經證明有效的反駁中，選擇其中一種，答覆潛在客戶提出的任何新反對理由。但是你這樣做時，要默認不管你的反駁多好聽，反駁唯一能做的事情，是替你贏得可以說更多話的權利，你在反駁後說的話，才是可以說服潛在客戶完成交易的東西。

到了這個時候，如果潛在客戶堅持相同的反對理由，那麼，你就應該謝謝他，讓他自行其是。你畢竟不希望成為利用高壓銷售、一而再再而三利用循環做法的人。

從理論的角度來看，談到你最多可以利用循環做法多少次時，答案是不限次數，但是我強烈建議你不要這樣挑戰極限。實際情形是你會從潛在客戶的舉動中，看出你自己什麼時候應該繼續前進，如果他們開始緊張不安，或是因為感受到壓力而明顯大笑，就代表你已經太超過了。

事實上，你一察覺潛在客戶有任何一絲壓力時，你就要立刻撤退，說些類似下面的

＊請參閱 https://jb.online/pages/way-of-the-wolf 網站，研讀獲得證明的反駁。

話：「吉米，請不要把我的熱心誤解成壓力，只是我知道，這種東西真的跟你非常速配……」現在你有兩種選擇。

第一個選擇是把這種情形當成循環後退到銷售階段、再試一次的機會，這時，你要特別關注你和潛在客戶的聲調和肢體語言，就你來說，你希望避免任何潛意識的溝通中，含有代表絕對確定或含蓄熱情的意思，而是要把重點放在絕對的誠懇上，放在「我對你的痛苦感同身受」上面。就潛在客戶來說，你希望把重點放在他們的有意識和潛意識的溝通上，如果其中有一種溝通顯示他們感受到壓力，或是有一絲一毫的不安，那麼，我都會立刻轉進到第二種選擇上。

第二種選擇是要把這種情形，當成你和潛在客戶之間恢復融洽關係的機會，以便高調結束這次銷售接觸，同時為可能的回電做好準備。在這種情況下，你說的話應該類似：「吉米，請不要把我的熱心誤解成壓力，只是我知道，這種東西真的跟你非常速配。」然後，你把聲調改變成最誠懇的樣子，補上一句：「因此，我們何不這樣做呢：由我用電子郵件把你在找的資訊寄給你」，或是針對潛在客戶最後說的反對理由，補充說：「然後給你幾天的時間，研究一切，同時跟太太討論」，或是針對他們的次要反對理由，加以補充，如果他們沒有提出次要的反對理由，你就省掉這一部分，說：「然後，在你有機會真正掌握全盤形勢後，我們下星期可以再度討論，這樣聽起來不錯吧？」這時，你可以決定要不要預做準備，好讓你打電話給潛在客戶，或是由潛在客戶回電給你。

你該選擇哪一條路，取決於太多因素，以至於我因為不知道你所屬產業的特性，不能告訴你明確的答案；但是，如果只有唯一最重要的因素要考慮時，這個因素應該是你的回電最後變成購買行為的比率。如果比率很低，那麼為了時間管理起見，我會交給潛在客戶做決定，等待他們回話，這樣可以保證你只和真正有興趣的潛在客戶談話。

另一方面，如果回電最後變成客戶的比率很高，那麼，我會把決定權留在你手裡，由你自己主動回電。

這件事只剩下一點要說，就是絕對不要忘了等式中的道德面，你不希望利用痛苦打擊別人，卻希望利用道德為別人加持，幫助別人做出良好的購買決定，以便他們擁有真正需要的東西。

結語

把直線銷售說服系統用在現實世界時，業務人員最常犯的錯誤，是修改系統中的核心語言型態，以便圓滿配合所屬行業的需要時，通常都太僵化。

例如，我運用的絕大多數語言型態，會十分適合保險、金融服務、教育、太陽能產品、維他命、網路行銷、和由業務人員主動發起銷售接觸的大部分產品或服務。

然而，如果你在零售店服務，銷售電視、服飾、運動用品、電腦或幾乎任何其他東西，那麼你問潛在客戶，他剛剛試穿的襯衫對他有沒有道理，顯然就沒有什麼道理。

因此，在類似的情況下，如果最初的語言型態不是很搭時，你唯一該做的事情是配合目前的狀況，修改語言型態。例如，如果你在電子產品商店銷售電視，那麼你可以對潛在客戶說：「噢，你有什麼想法，這一台是你要找的東西嗎？正好是你喜愛的東西嗎？」而不是說聽來絕對離譜的：「你覺得這台電視合理嗎？」

請記住，我最初發明直線銷售說服系統時，目的是要利用散彈打鳥式的電話行銷，把五美元的股票，賣給美國最富有的百分之一富豪，後來我把這個系統，拿來教導你可以想像得到的各行各業幾千幾百萬人時，只稍稍調整了其中的核心語言型態，卻創造了十分驚人的效果。

我想說的重點是，把直線銷售說服系統用在原來設計之外的行業時，成功的關鍵是你在創造自己的核心語言型態時，要盡量有彈性，要利用你的常識做為指路明燈，確保一切都符合需要。

直線銷售說服系統是極為有力的說服系統，因此，實際上可以在幾天內改變你的人生，我在全世界無數的產業中都看過這種事情。

連從來沒有完成過算得上是一點成就的人，居然都可以在突然之間，創造了連他們自己都從來不敢想像的成就，過著遠比自己最瘋狂夢想還有活力的日子。

一切都起源於他們運用直線銷售說服系統，精通說服的藝術，同時清楚地知道自己絕不會違背道德良心，畢竟沒有道德良心的成功根本不是成功。

我必須歷經痛苦，才學會這一點，但是，你不必如此，有本書做為指引，你更是不需經歷我走過的彎路。

附錄

直線銷售說服句法關鍵

- 掌握頭四秒鐘
- 在意識與潛意識中建立深入的融洽關係
- 收集情報
- 過渡到銷售說明主體
- 要求下訂
- 透過循環程序扭轉與建立確定性
- 降低行動門檻
- 增加痛苦
- 完成交易

- 大量推薦
- 從生命周期角度培養客戶

十大核心聲調

1.「我關心」、「我真的想知道」
2. 以問句陳述
3. 神祕又使人著迷
4. 稀少性
5. 絕對確定
6. 十足誠懇
7. 講道理的理性人
8. 跟金錢無關
9. 暗示性顯而易見
10.「我對你的痛苦感同身受」

致謝

我必須感謝很多人，顯然地要感謝我的經紀人簡·米勒（Jan Miller），他是真正的自然力量（如雷鳴閃電）；而我顯然也要感謝賽門·舒斯特（Simon & Schuster）出版公司的整個編輯小組，他們對我其慢無比的寫作速度，抱持無限的耐心，讓人喜出望外，沒有他們的協助，本書很可能應該還是草稿而已，感謝你們偶爾不算溫柔的催促，以及僅基本地施以逼迫完稿的壓力。我也希望感謝我的經理人史考特·藍伯德（Scott Lambert），不論我們啟動哪種專案，他對我總是信心滿滿；我還要感謝亞歷珊德拉·米爾肯（Alexandra Milchon），她是第一位讓我相信自己可以成為成功作家的人，沒有她不屈不撓的支持，我不知道是否能夠走到今天這一步。

我也特別懷念和感謝摯友巴利·蓋瑟（Barry Guesser），要是他今天還在世，一定會全力為我喝采，我永難忘懷他多年來對我的相信、建議和支持。

我還要感謝安妮和三個孩子——卡特、錢德勒、鮑恩，我知道本書讓我們全都筋疲力盡，因此謝謝你們讓我把時間放在這項任務上，我迫不及待要用你們喜歡取笑我的半套簡報方式，再度向你們完整簡報。我也要迅速呼叫傑夫・杜蘭哥（Jeff Turango）和文斯・史巴地（Vince Spadea）。杜蘭哥在從來沒有犯過非受迫性失誤的晨間網球教練課中，讓我得以在周間維持頭腦清醒，史巴地則在周末的晨間網球教練課中，讓我在不忙於追逐他打過來的制勝球，或設法想通怎麼有人可以在打球時說個不停、卻仍然能夠成為世界頂尖球員的時候，維持身心健康。

不過，最重要的是，我要感謝父親、母親在我起伏無常的一生中，對我從不動搖的支持，他們造就了我的一切，我無限感戴、無限感恩。

國家圖書館出版品預行編目(CIP)資料

跟華爾街之狼學銷售：一門價值30萬元的銷售課4秒鐘，打下成交大訂單基礎！／喬登・貝爾福（Jordan Belfort）著；劉道捷譯. -- 二版. -- 臺北市 : 大塊文化, 2024.04

面；14.8 x 20 公分. -- (touch ; 64)

譯自：Way of the Wolf: straight line selling: master the art of persuasion, influence, and success

ISBN 978-626-7388-76-1(平裝)

1.銷售 2.行銷心理學 3.職場成功法

496.5　　113003401

LOCUS

LOCUS

LOCUS

LOCUS